荧光铜纳米团簇的
制备及应用

郭玉玉　著

化学工业出版社

·北京·

内容简介

基于铜纳米团簇的系列优点以及药物浓度检测的必要性，《荧光铜纳米团簇的制备及应用》一书阐述了利用简单化学还原法通过改变保护剂与反应条件制备几种荧光铜纳米团簇的过程，并研究了所制备的荧光铜纳米团簇的性能、荧光猝灭机理以及在实际样品检测中的应用。本书可供药物分析、分析化学、材料相关专业领域的科研人员、高年级本科生参考阅读。

图书在版编目（CIP）数据

荧光铜纳米团簇的制备及应用 / 郭玉玉著. -- 北京：化学工业出版社，2025. 6. -- ISBN 978-7-122-47862-7

Ⅰ. TB383

中国国家版本馆 CIP 数据核字第 2025DE0311 号

责任编辑：孙钦炜　马　波　　　　　　装帧设计：韩　飞
责任校对：田睿涵

出版发行：化学工业出版社（北京市东城区青年湖南街 13 号　邮政编码 100011）
印　　装：北京科印技术咨询服务有限公司数码印刷分部
787mm×1092mm　1/16　印张 8¾　字数 162 千字　2025 年 6 月北京第 1 版第 1 次印刷

购书咨询：010-64518888　　　　　　　　　　　售后服务：010-64518899
网　　址：http://www.cip.com.cn
凡购买本书，如有缺损质量问题，本社销售中心负责调换。

定　价：98.00 元　　　　　　　　　　　　　版权所有　违者必究

前　言

社会在发展，科技在进步，随着制备方式的多样化，材料的种类日益增多，表征手段不断更新，研究者们对材料的认识也越来越深入，可以设计制备出更多更好的材料，但随着需求的进一步增大，合成更加符合实际需要的材料成为当前研究的热点和焦点。近年来，食品质量下降、生存环境恶化等引发了诸多健康问题，虽然药物对疾病有一定的治疗效果，但滥用和过量服用往往会导致一系列的副作用，对身体健康产生危害。因此，非常有必要实现药物浓度的准确和快速检测。

金属纳米团簇（M NCs）由于其优异的发光性能、可控的发射波长、较大的斯托克斯位移、良好的生物相容性和高度的光稳定性等优势，在环境检测、细胞成像、疾病诊断和治疗等领域得到了广泛的应用。作为金属纳米团簇的代表性物质，铜纳米团簇具有优异的光学性质、价廉易得等优点，在金属离子、非金属离子、药物有机分子检测领域表现优良。据报道，不同类型的铜纳米团簇已被成功制备并应用于物质的实际检测。

鉴于药物检测的必要性和铜纳米团簇的优异性质，本书通过简单的化学还原法以不同的物质为保护剂成功制备了几种铜纳米团簇，得到的铜纳米团簇在不同环境下具有优异的稳定性。并且它们均能实现药物分子的高灵敏度和高选择性检测，在线性范围和检出限方面表现出色，在实际样品检测中的应用效果同样令人满意。结合荧光测试结果和性质表征结果，对荧光检测机理有了初步认识。本书的研究成果为药物分子检测增添了更多、更好的选择，同时也为铜纳米团簇的合成与应用方面的研究提供了实验支撑和理论支持。

本书围绕荧光铜纳米团簇的制备与应用阐述相关内容，共分为 9 章。第 1 章主要对荧光铜纳米团簇的基本概念、合成方法、基本性质、应用领域等内容进行了综述。第 2 章以胰蛋白酶为保护剂，水合肼为还原剂，通过一步化学还原法制备出胰蛋白酶-铜纳米团簇，该团簇实现了黄芩素的高灵敏度和高选择性检测。第 3 章制备了具有蓝色荧光的鞣酸-铜纳米团簇，木犀草素可以令该团簇的荧光有效猝灭，并在实际样品的木犀草素检测中取得令人满意的效果。第 4 章以抗坏血酸为保护剂和还原剂合成了抗坏血酸-铜纳米团簇，该团簇的合成有效地避免了有机溶剂或者强还原剂带来的危害，得到的团簇在四环素检测中得到成功应用。第 5 章通过一步化学还原法制备了鞣酸-铜纳米团簇，利用多种技术手段对该团簇的结构与性质进行了研究，结合荧光检测结果和表征结果，对金霉素检测反应有了进一步的认识。第 6 章以组氨酸为稳定剂，得到具有蓝色荧光的组氨酸-铜纳米团簇，基于静态猝灭和内滤效应，该团簇实现了多西环素的高效检测。第 7 章制备了具有优异综合稳定性的谷胱甘肽-铜纳米团簇，在最优检测条件下，该团簇在呋喃西林的检测中具有较宽的线性范围和较低的检出限，并且实现了牛血清中呋喃西林浓度的检测。第 8 章同样制备了鞣酸-铜纳米团簇，该团簇具有均匀尺寸和优异稳定性，以静态猝灭机理为基础，建立了用于呋喃唑酮高效检测的荧光平台，在实际样品中对呋喃唑酮的检测同样表现优异。第 9 章对本书的研究内容做了总结并简述了本领域未来的挑战与展望。

在本书的编写过程中，张申老师和蔡志锋老师给予了大力支持和帮助，在此深表感谢。感谢山西省基础研究计划项目（202303021222026）提供的经费支持，感谢太原理工大学分析测试与仪器共享中心提供的材料表征与测试服务。本书总结了笔者近年来的学术研究成果和所研究领域的国内外现状，以供本领域相关科研人员阅读，希望可以起到一定的参考作用。

由于笔者水平有限，书中所述内容难免有不足之处，敬请广大读者批评指正。

郭玉玉

太原理工大学

2025 年 1 月

目　　录

第1章　绪论

1.1 铜纳米团簇的基本概念 ·· 2
    1.1.1 金属纳米团簇 ·· 2
    1.1.2 铜纳米团簇 ·· 3
1.2 铜纳米团簇的合成方法 ·· 4
    1.2.1 模板法 ·· 4
    1.2.2 化学还原法 ·· 5
    1.2.3 微波合成法 ·· 5
    1.2.4 配体蚀刻法 ·· 7
1.3 铜纳米团簇的基本性质 ·· 7
    1.3.1 荧光特性 ·· 7
    1.3.2 电化学发光特性 ·· 8
    1.3.3 催化特性 ·· 8
1.4 铜纳米团簇的应用 ·· 9
    1.4.1 分析检测 ·· 9
    1.4.2 生物成像 ··· 13
1.5 主要研究内容和意义 ··· 14

第2章　胰蛋白酶-铜纳米团簇在黄芩素检测中的应用

2.1 引言 ·· 18
2.2 研究思路与实验设计 ··· 19

  2.2.1 实验仪器 ·· 19
  2.2.2 实验材料 ·· 20
  2.2.3 Tryp-Cu NCs 的合成 ·· 20
  2.2.4 黄芩素浓度的检测及 Tryp-Cu NCs 选择性评价 ············· 20
  2.2.5 实际样品中黄芩素的检测 ·· 21
 2.3 结果与讨论 ·· 21
  2.3.1 Tryp-Cu NCs 的表征 ·· 21
  2.3.2 荧光猝灭机理研究 ·· 23
  2.3.3 Tryp-Cu NCs 稳定性考察 ·· 24
  2.3.4 检测条件优化 ··· 25
  2.3.5 检测性能考察 ··· 25
  2.3.6 黄芩素检测的选择性和竞争实验 ································· 26
  2.3.7 实际样品中黄芩素的检测结果 ···································· 27
 2.4 结论 ··· 28

第3章 鞣酸-铜纳米团簇在木犀草素检测中的应用 29

 3.1 引言 ··· 30
 3.2 研究思路与实验设计 ·· 31
  3.2.1 实验材料 ·· 31
  3.2.2 TA-Cu NCs 的合成 ·· 31
  3.2.3 木犀草素的荧光检测 ·· 32
  3.2.4 牛血清样品中木犀草素的测定 ···································· 32
 3.3 结果与讨论 ·· 32
  3.3.1 TA-Cu NCs 的结构表征 ·· 32
  3.3.2 TA-Cu NCs 的稳定性 ·· 35
  3.3.3 检测条件优化 ··· 36
  3.3.4 木犀草素检测 ··· 36
  3.3.5 TA-Cu NCs 的选择性 ·· 37
  3.3.6 荧光猝灭机理 ··· 38

3.3.7　牛血清样品中木犀草素的检测 …………………………………… 40
3.4　结论 ……………………………………………………………………………… 40

第4章　抗坏血酸-铜纳米团簇在四环素检测中的应用　41

4.1　引言 ……………………………………………………………………………… 42
4.2　研究思路与实验设计 …………………………………………………………… 43
  4.2.1　实验试剂 ………………………………………………………………… 43
  4.2.2　AA-Cu NCs 的制备 ……………………………………………………… 43
  4.2.3　四环素的荧光测定 ……………………………………………………… 44
  4.2.4　实际水样中四环素的检测 ……………………………………………… 44
4.3　结果与讨论 ……………………………………………………………………… 44
  4.3.1　AA-Cu NCs 的表征 ……………………………………………………… 44
  4.3.2　AA-Cu NCs 的稳定性 …………………………………………………… 46
  4.3.3　四环素的荧光测定 ……………………………………………………… 47
  4.3.4　AA-Cu NCs 的选择性 …………………………………………………… 48
  4.3.5　荧光猝灭机理 …………………………………………………………… 49
  4.3.6　实际水样中四环素的检测 ……………………………………………… 49
4.4　结论 ……………………………………………………………………………… 50

第5章　鞣酸-铜纳米团簇在金霉素检测中的应用　51

5.1　引言 ……………………………………………………………………………… 52
5.2　研究思路与实验设计 …………………………………………………………… 53
  5.2.1　实验材料 ………………………………………………………………… 53
  5.2.2　TA-Cu NCs 的合成 ……………………………………………………… 54
  5.2.3　金霉素检测 ……………………………………………………………… 54
  5.2.4　实际样品中金霉素的检测 ……………………………………………… 54
5.3　结果与讨论 ……………………………………………………………………… 55
  5.3.1　TA-Cu NCs 的表征 ……………………………………………………… 55

	5.3.2	最佳检测条件 ···	57
	5.3.3	TA-Cu NCs 的选择性 ··	59
	5.3.4	TA-Cu NCs 检测金霉素的灵敏度 ··	59
	5.3.5	荧光猝灭机理 ···	61
	5.3.6	实际样品中金霉素的检测 ···	63
5.4	结论 ··	64

第6章 组氨酸-铜纳米团簇在多西环素检测中的应用   65

6.1	引言 ··	66
6.2	研究思路与实验设计 ··	67
	6.2.1	实验试剂和实验材料 ··	67
	6.2.2	His-Cu NCs 的制备 ··	68
	6.2.3	多西环素的荧光测定 ··	68
	6.2.4	His-Cu NCs 的选择性测定 ···	68
	6.2.5	实际样品中多西环素的测定 ···	68
6.3	结果与讨论 ···	69
	6.3.1	His-Cu NCs 的形貌和结构表征 ···	69
	6.3.2	His-Cu NCs 的光学性质 ··	70
	6.3.3	His-Cu NCs 对多西环素的检测性能 ····································	71
	6.3.4	荧光猝灭机理 ···	74
	6.3.5	His-Cu NCs 检测多西环素的选择性 ····································	76
	6.3.6	实际样品中多西环素的检测 ···	77
6.4	结论 ··	78

第7章 谷胱甘肽-铜纳米团簇在呋喃西林检测中的应用   79

7.1	引言 ··	80
7.2	研究思路与实验设计 ··	81
	7.2.1	化学试剂 ··	81

  7.2.2 GSH-Cu NCs 的制备 …………………………………………… 81

  7.2.3 呋喃西林的荧光检测 …………………………………………… 81

  7.2.4 牛血清中呋喃西林的检测 ……………………………………… 82

 7.3 结果与讨论 …………………………………………………………… 82

  7.3.1 GSH-Cu NCs 的表征 …………………………………………… 82

  7.3.2 GSH-Cu NCs 的稳定性 ………………………………………… 84

  7.3.3 检测条件优化 …………………………………………………… 85

  7.3.4 分析性能 ………………………………………………………… 86

  7.3.5 选择性研究 ……………………………………………………… 87

  7.3.6 荧光猝灭机理研究 ……………………………………………… 88

  7.3.7 牛血清中呋喃西林的检测 ……………………………………… 90

 7.4 结论 …………………………………………………………………… 91

第8章 鞣酸-铜纳米团簇在呋喃唑酮检测中的应用 92

 8.1 引言 …………………………………………………………………… 93

 8.2 研究思路与实验设计 ………………………………………………… 94

  8.2.1 实验试剂 ………………………………………………………… 94

  8.2.2 TA-Cu NCs 的制备 ……………………………………………… 94

  8.2.3 呋喃唑酮检测 …………………………………………………… 95

  8.2.4 实际样品中呋喃唑酮的检测 …………………………………… 95

 8.3 结果与讨论 …………………………………………………………… 95

  8.3.1 TA-Cu NCs 的表征 ……………………………………………… 95

  8.3.2 TA-Cu NCs 的稳定性 …………………………………………… 98

  8.3.3 TA-Cu NCs 对呋喃唑酮的检测性能 …………………………… 98

  8.3.4 TA-Cu NCs 检测呋喃唑酮的选择性 ………………………… 101

  8.3.5 荧光猝灭机理 ………………………………………………… 102

  8.3.6 真实样品中呋喃唑酮的检测 ………………………………… 102

 8.4 结论 ………………………………………………………………… 104

第9章 总结与展望

9.1 挑战与解决策略 ……………………………………………………… 106
    9.1.1 提高稳定性策略 ………………………………………………… 106
    9.1.2 提高量子产率策略 ……………………………………………… 107
9.2 未来发展趋势 …………………………………………………………… 108
    9.2.1 铜纳米团簇合成的可持续性与绿色化学要求 ………………… 108
    9.2.2 铜纳米团簇的应用拓展 ………………………………………… 109

参考文献

第 1 章

绪 论

金属纳米团簇的尺寸与电子的费米波长接近，因此金属纳米团簇表现出类似于分子的性质，具有分离的能级，从而表现出独特的光学性质。近年来，金属纳米团簇（M NCs）凭借其优异的发光性能、可控的发射波长、较大的斯托克斯位移、良好的生物相容性和较高的光稳定性等优势，在环境检测、细胞成像、疾病诊断和治疗等领域得到了广泛的应用[1-6]。与金、银、铂等相比，铜纳米团簇廉价、无毒且具有良好的生物相容性，被广泛认为是最具性价比的纳米材料，因此受到人们的广泛关注。目前，制备出的铜纳米团簇已被成功应用于检测领域，并取得了令人满意的效果[7-15]。本书通过简单的化学还原法以不同的物质为保护剂成功制备了几种铜纳米团簇，并将其用于药物分子的高灵敏度和高选择性检测，实际应用效果同样令人满意。本章主要就铜纳米团簇的基本概念、合成方法、基本性质和主要应用几个方面的内容进行了综述，并阐述了本书的研究内容和意义。

1.1 铜纳米团簇的基本概念

1.1.1 金属纳米团簇

金属纳米材料是由金属原子组成的在三维空间上至少有一个维度处于纳米尺度的金属材料。金属纳米材料中原子之间的相互作用和电子的波动性将受到其尺度的影响，所以金属纳米材料所呈现的性质与块体完全不同。因此，在纳米尺度下，金属纳米材料会表现出纳米材料所具备的性质，比如表面效应、量子尺寸效应、宏观量子隧道效应等[16-22]。其中，在表面效应中，纳米材料表面原子数目随着纳米粒子尺寸的减小而增多，会使得纳米粒子中配位不足的原子数目相应地增多。这种表面原子具有极高的活性和表面能，使得纳米粒子稳定性降低，容易团聚从而生成较大的颗粒。因此，金属纳米材料在催化领域具有更好的应用前景。表面效应的存在使得金属纳米材料在制备的过程中需要添加稳定剂来保证足够的稳定性。金属纳米材料存在表面稳定剂，使得其可以与金属离子、非金属离子和生物小分子等物质发生相互作用，在化学检测、催化、生物传感等领域具有很高的应用价值[23-30]。

作为金属纳米材料的一种，金属纳米团簇同样具有量子尺寸效应，其尺寸与电子的费米波长相近，从而表现出类分子的特性，比如最高占据分子轨道（HOMO）-最低未占据分子轨道（LUMO）能级变化和尺寸相关的荧光性质等[31-35]。与有机染料和半导体量子点相比,除了毒性低以外,金属纳米团簇同样具备优异的特性,比如稳定性好、抗离子能力强、生物相容性好、抗漂白性强和斯托克斯位移大等。金属纳米团簇已经被广泛应用在许多领域,比如重金属检测、生物传感、细胞成像、催化、电子器件等[36-40]。

1.1.2 铜纳米团簇

目前,金属纳米团簇主要有金纳米团簇、银纳米团簇、铜纳米团簇和铂纳米团簇等。与其他金属相比,铜的储量丰富、原料易得、价格低廉,因此铜纳米团簇具有很大的应用潜力[41-45]。铜纳米团簇具有稳定性高、抗离子能力强、生物相容性好、抗漂白性强和斯托克斯位移大的优势[46-50]。然而,铜的氧化还原电势较低,所制备的铜纳米团簇相较于其他团簇更容易被氧化,这使得其制备过程比较困难,且稳定性较差,不利于进一步在化学检测和细胞成像中应用。因此,提高铜纳米团簇的稳定性是首要任务。Serag 等[1]以牛血清白蛋白(BSA)为保护剂、水合肼为还原剂合成的铜纳米团簇,具有非常优异的稳定性。他们研究了 BSA-Cu NCs 这一探针的光谱特性和传感机理,揭示了盐酸美金刚与 BSA-Cu NCs 相互作用的静态猝灭机理;优化了 pH、反应时间、试剂浓度等影响荧光响应的因素,提高了方法的灵敏度和选择性。该探针可用于盐酸美金刚的药物分析和药代动力学研究。Hou 等[2]利用 3-羧基苯基硼酸功能化聚乙烯亚胺乙氧基化修饰的铜纳米团簇,设计了一种理想的比率荧光探针(CPBA@PEI-Cu NCs)并将其用于检测木犀草素,结果显示其具有良好的灵敏度和选择性。随后,采用透射电子显微镜(TEM)、功率频谱密度(PSD)、傅里叶变换红外光谱(FT-IR)、X 射线光电子能谱(XPS)和 X 射线衍射(XRD)等表征手段对其进行了表征。团簇的量子产率为 40.49%,最佳激发波长为 386 nm,发射波长为 396 和 473 nm。根据荧光强度比(F_{473}/F_{396}),线性范围为 0.11~600 μmol/L,检出限(LOD)低至 1.22 nmol/L。此外,该探针还可用于胡萝卜叶、花生壳和紫苏叶样品的木犀草素检测、HepG2 细胞成像和 pH 传感。CPBA@PEI-Cu NCs 还具有可重复性和再现性,这使其成为荧光分析的实用工具。Peng 等[3]提出了一种基于双发射铜纳米团簇(Cu NCs)的智能手机辅助比率荧光传感平台,用于精确测定 Pb^{2+} 浓度。以二硫苏糖醇(DTT)为还原剂和稳定剂,该 Cu NCs 分别在 450 nm 和 620 nm 处具有两个发射峰。在 Pb^{2+} 存在下,Cu NCs 在 620 nm 处的红色荧光通过光诱导电子转移猝灭,而在 450 nm 处的蓝色荧光保持不变。因此,Cu NCs 可成为检测 Pb^{2+} 的比率荧光传感器,从而实现 Pb^{2+} 的灵敏和选择性测定,检出限为 2 nmol/L。在智能手机 App 的支持下,构建了便携式 Pb^{2+} 视觉检测平台,LOD 为 0.05 μmol/L,具有很大的现场监测潜力。Chen 等[16]提出了一种超灵敏的"开-关-开"电化学发光(ECL)生物传感器,该传感器使用 DNA 纳米带为模板合成的铜纳米团簇（DNR-Cu NCs）作为检测平台，结合靶循环扩增，用于灵敏、快速地检测过表达蛋白质的癌细胞。此外，还引入了一种优化的核酸外切酶Ⅲ（Exo Ⅲ）辅助循环扩增方法，有效地将微量靶点生物标志物转化为大量的 DNA 输出，显著提高了靶点转化效率，增强了 ECL 信号。因此，ECL 生物传感器可在 1 fg/mL 至 10 fg/mL 的范围内灵敏检测 MUC1 蛋白。以 MCF-7 癌细胞为模型，成功检测出 MUC1 过表达的癌细胞，在 10～100000 个细胞/mL 的浓度范围内可准确识别 MCF-7 细胞，LOD 为 5 个细胞/mL。该研究首次将 DNR-Cu NCs-ECL 生物传感器用于活细胞及其相关表面蛋白质的高灵敏度检测。这种简单、灵敏、特异的检测方法在生物标志蛋白和特定细胞的检测中具有广阔的应用前景。

1.2 铜纳米团簇的合成方法

为合成性能优异的铜纳米团簇，应考虑以下几点：①配体和铜纳米团簇之间的相互作用应较强。②合适的还原条件。通常，可以通过利用光照、声波和添加还原剂等方法来提高铜纳米团簇的量子产率。③老化时间长也是制备性能优异的铜纳米团簇的重要因素。目前，铜纳米团簇的合成方法主要有以下几种。

1.2.1 模板法

模板法是一种以一定的材料为基质或模型来制备具有特殊立体结构或特殊功能的金属纳米团簇的方法，模板法是目前制备金属纳米团簇最常用的高效方法之一。常用的模板分子有树枝状聚合物、含巯基化合物、小分子物质（青霉胺、多巴胺等）以及生物大分子（酶、蛋白质、多肽、DNA）等。与其他的合成方法相比，模板法为纳米团簇的形成提供了一个稳定可控的环境，可以更好地控制铜纳米团簇的尺寸和形状[51-60]。例如，Larkin 等[17]以溶菌酶-聚合物树脂材料作为一种结构支架合成了尺寸分布可控的铜纳米团簇（Cu NCs），所得到的 Cu NCs 具有显著的荧光增强效应，研究所述的协同方法有助于合成具有改进光稳定性的铜纳米团簇。Wang 等[18]通过简单的一锅法在室温下合成了以谷胱甘肽 *S*-转移酶（GST-Cu NCs）为模板的绿色铜纳米团簇。所制备的纳米团簇具有尺寸均匀、荧光强度好、稳定性好、细胞毒性低等优点。与其他类似物相比，金霉素（CTC）能显著增强 GST-Cu NCs 的荧光，这是由 CTC 与 GST 相互作用引起的聚集增强所致。该铜纳米团簇的荧光强度与 CTC 浓度在 30～120 μmol/L 范围内呈良好的线性关系

（R^2=0.99517），最低检测限为 69.7 nmol/L。该方法对常见离子和氨基酸中的 CTC 具有良好的选择性和抗干扰性。此外，该纳米探针还被用于血清样品中四氯化碳的定量检测，结果令人满意，具有良好的应用前景。

1.2.2 化学还原法

化学还原法是指先在铜盐溶液中加入还原剂，将铜离子变成铜原子，然后将铜原子聚集为铜纳米团簇。例如，Zhang 等[19]以胰蛋白酶（Tryp）为稳定剂，以水合肼为还原剂，合成了制备过程简单、环境友好的荧光铜纳米团簇，并用于四环素的测定。所制备的 Tryp-Cu NCs 平均粒径为（3.5±0.3）nm，分散均匀，该团簇具有良好的水溶性、紫外光稳定性和盐稳定性。基于静态猝灭机理和内滤效应（IFE），四环素使其在 460.0 nm 附近的发射峰发生了猝灭。ln（F_0/F）与四环素浓度在 1~100 μmol/L 和 100~300 μmol/L 范围内呈良好的线性关系，检出限为 0.084 μmol/L。同时，该纳米探针对四环素具有明显的选择性。此外，Tryp-Cu NCs 成功地用于血清和乳品中四环素的测定，回收率令人满意，标准偏差显示结果可靠。结果表明，Tryp-Cu NCs 具有良好的应用前景。再如，Bilkay 等[20]以抗坏血酸作为还原剂，苯丙氨酸作为表面功能化稳定剂研究了苯丙氨酸（Phe）包覆的铜纳米团簇。利用 TEM、动态光散射（DLS）、XPS、紫外-可见吸收光谱（UV-Vis）和荧光光谱等技术对 Phe-Cu NCs 进行了表征。对抗坏血酸浓度、苯丙氨酸浓度、孵育时间、孵育温度等合成参数进行了优化研究。将 Phe-Cu NCs 作为检测醋酸阿比特龙（ATA）-DNA 相互作用的荧光探针。ATA 与 DNA 的结合常数 K_a 为 1.03×10^4。热力学研究表明，ATA-DNA 相互作用的有效作用力为范德华力和氢键。Hosseini 等[21]报道了一种基于荧光开启策略且能快速、廉价、灵敏地检测水样中环丙沙星（CIP）和氧氟沙星（OFL）的传感系统。其铜纳米团簇的尺寸小于 15 nm。采用 XRD、TEM、DLS、热重分析-差热分析（TG-DTA）、UV-Vis、FT-IR 和荧光光谱对 Gl-Cu NCs 进行了表征。在 0.005~0.3 μg/mL 浓度范围内（CIP 为 15~900 nm，OFL 为 14~830 nm），荧光发射波长与药物浓度呈良好的线性关系。CIP 和 OFL 的测定检出限分别为 9 nmol/L 和 8 nmol/L。该方法可用于饮用水、牛乳、人尿和血清中 CIP 和 OFL 的测定，回收率令人满意。

1.2.3 微波合成法

微波合成法与传统的对流加热方式相比，具有以下特点：①绿色、高效，大大缩短了反应时间；②提供均一的热源，使成核作用均匀，缩短结晶化时间，为制备均一和单分散的荧光纳米团簇创造有利条件。Zhang 等[22]使用 L-半胱氨酸（L-Cys）作为保护剂和还原剂，在微波辐射下 2.5 min 内快速合成了荧光 Cu NCs，并开发了一种用于检测叔丁基对苯二酚（TBHQ）的"开-关-开"荧光传感器（图 1-1）。在 Fe^{3+} 存在下，L-Cys-Cu NCs 的荧光被猝灭（关闭），加入 TBHQ 后恢复（打开）。在最佳的检测条件下，TBHQ 的线性范围为 2～350 μmol/L，检测限为 0.077 μg/mL。在食用油样品中检测 TBHQ 的相对标准偏差（RSD）为 1.44%～8.98%，回收率为 94.53%～108.99%。此外，荧光传感器检测的结果与传统 HPLC 方法的结果一致。微波辅助快速合成 Cu NCs 有望开发用于食品安全和环境分析的荧光传感器。Sreeju 等[61]以水合肼作为还原剂，番石榴叶提取物作为稳定剂，采用微波合成法在水介质中合成高度稳定的铜纳米粒子（Cu NPs）。随后，研究了前驱体 pH、温度、稳定剂和还原剂的量、微波辐射的功率和时间等对纳米颗粒形成的影响。提取物和铜纳米颗粒的 FT-IR 光谱的比较研究揭示了不同官能团在稳定过程中的作用。TEM 显微照片和 XRD 图案显示，反应形成了尺寸约为 15 nm 的近球形纳米颗粒，具有面心立方结构。通过降解有机污染物亚甲基蓝、甲基红、甲基橙、伊红黄、2-硝基苯酚和 3-硝基苯酚，研究了铜纳米粒子的催化效率。此外，研究小组评估了 Cu NPs 对 L929 成纤维细胞的体外细胞毒性作用。通过琼脂扩散法研究了 Cu NPs 对致病性革兰氏阴性菌大肠埃希菌和革兰氏阳性菌金黄色葡萄球菌的剂量依赖性抗菌活性。该合成方法可以有效地扩展到大规模生产耐空气的 Cu NPs，这些 Cu NPs 可广泛用于环境、生物和工业等领域。

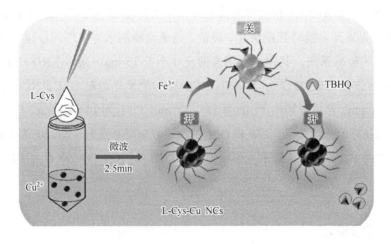

图 1-1　L-Cys-Cu NCs 制备及检测叔丁基对苯二酚和 Fe^{3+} 的示意图[22]

1.2.4 配体蚀刻法

配体蚀刻法是利用前驱材料与蚀刻剂之间的化学反应来改变前驱体的核心原子数或壳层配体的类型,进而得到所需理想纳米材料的一种技术方法。在过去的几十年里,已经开发出相对单分散的金属纳米团簇的合成方法,这些纳米团簇的保护配体包括硫醇、胺、膦和聚合物。金属纳米团簇表面周围的保护配体在决定簇大小以及光学和电子性质方面起着重要作用。研究发现,由于金属原子和保护配体之间的强相互作用,可以使用过量的配体蚀刻金属核。Jia 等[62]在过量配体存在的情况下,通过尺寸聚焦蚀刻工艺将非发光的 Cu 纳米晶体转化为发光的 Cu NCs。以谷胱甘肽(GSH)为模型配体,选择性合成最小的簇 Cu_2,形成几乎单分散的产物。发射光谱和吸收光谱的演变表明,稳定团簇物种的形成是通过表面蚀刻途径发生的。此外,Wang 等[63]开发了一种界面蚀刻方法,在水-氯仿界面形成发光的 Cu NCs,如图 1-2 所示。

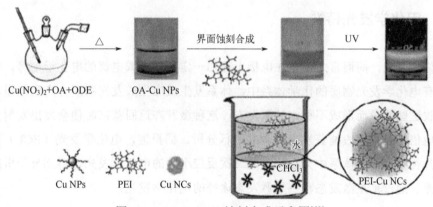

图 1-2　PEI-Cu NCs 蚀刻合成示意图[63]

OA—油胺;ODE—1-十八烯

1.3　铜纳米团簇的基本性质

1.3.1　荧光特性

当块状金属的尺寸减小到纳米级,接近电子的费米波长时,纳米粒子的连续能带分解为离散的能级。这使得人们能够观察到其独特的光学性质，如分子状吸收和强发光。作为金属纳米团簇最重要的特性之一，Au、Ag 和 Cu 亚纳米级团簇的荧光特性得到了广泛的研究。金属纳米团簇的荧光通常归因于最高占据分子轨道和最低未占据分子轨道（HOMO-LUMO）之间的带间跃迁和带内跃迁[64-70]。Wei 等[71]报道了 Cu NCs 的蓝色荧光，该 Cu NCs 是通过在甲苯、己烷和氯仿等非极性溶剂中的简单单相过程制备的。他们的工作还证实，小尺寸的 Cu_n（$n \leq 8$）团簇在 423 nm 和 593 nm 处表现出双重发射。与 Au NCs 及其复合物类似，423 nm 处的发射可能是 sp 带激发态到 d 带带间跃迁的结果；593 nm 处的发射被认为是 sp 带内 HOMO-LUMO 跃迁的结果。在这项工作之后，合成了红色荧光 Cu NCs。在生物物种中，许多荧光物质是蓝色或绿色的，因此红色或红外荧光通常可以避免生物物种自身荧光的干扰。此外，红色或红外荧光能比绿色或蓝色荧光更好地穿透生物体。因此，红色荧光特性使 Cu NCs 成为生物成像、生物标记和荧光分析等应用的理想荧光团簇。尽管 Cu NCs 的荧光机制尚不完全清楚，但发现金属纳米团簇的发光特性对其化学环境非常敏感，包括簇大小、溶剂类型和表面保护配体。

1.3.2 电化学发光特性

电化学发光，简而言之，是在电极上施加一定的电压或电流的电化学信号，将其作用于含有电化学发光物质的化学体系中，体系发生反应生成发光物质并产生能量，发光物质吸收这些能量而形成不稳定的激发态，这种激发态返回基态时便会发出发射光，可以用光电倍增管等手段捕获发光信号并进行分析。据报道，电化学发光（ECL）可以分为以下几种类型：由体系中共存物质的二次反应引起的电化学发光、溶剂分子引起的电化学发光、通过单重激发态和三重激发态途径的电化学发光。

1.3.3 催化特性

直径小于 2 nm 的金属纳米团簇是氧化还原反应（ORR）中有前景的催化剂[72]。研究表明，与惰性块状金材料相比，纳米级金团簇具有较高的催化和电催化活性。理论研究表明，较小金团簇中的 d 带变窄并向费米能级移动[73]。这些结果表明，较小的 Au 团簇更有利于 O_2 吸附到簇表面上，说明较小的 Au 团簇具有更大的活性[74]。使用 Cu NCs 和 Ag NCs 对 ORR 中的电催化活性进行了实验研究。结果表明，Cu_n（$n \leq 8$）NCs 和 Ag_7 NCs 对氧的电还原具有很高的催化活性。发现 Cu NCs 上氧还原的起始电位（-0.07 V *vs*

Ag/AgCl)与Au_{11}簇(-0.08 V *vs* Ag/AgCl)和一些商业铂催化剂的起始电位高度相似，这表明Cu NCs可能是燃料电池的有效无铂电催化剂[75]。Cu NCs的催化性能已经得到了快速研究。例如，Wu等[76]证明了2D自组装方法可以提高Cu NCs催化的耐久性。Shen等[77]报道了一种简单且环保的方法，通过使用一系列胆汁酸衍生物（Bas）作为预凝胶剂，在超分子水凝胶中原位合成红色发光的Cu NCs。包封的Cu NCs在亚甲基蓝（MB）-肼（N_2H_4）还原体系中表现出优异的催化性能。

1.4 铜纳米团簇的应用

1.4.1 分析检测

荧光铜纳米团簇由于其良好的光学特性、高灵敏、高选择性、安全环保等特性被广泛应用于检测金属离子、非金属离子和有机分子等。

（1）金属离子的检测

自然界中存在大量金属离子，有的金属离子对人体的生长是必不可少的，但有的金属离子的存在可能会对人体和环境造成不良影响。因此，准确检测金属离子浓度是非常重要的。Wang等[78]合成了聚乙烯醇-聚乙二醇复合的铜纳米团簇（Cu NCs/PVA/PEG），它不仅可以用作pH传感器，还可以选择性地检测重金属六价铬离子。当pH＞9时，Cu NCs/PVA/PEG复合膜荧光被猝灭，表明其可用作pH传感。此外，Cu NCs/PVA/PEG复合膜可以检测重金属六价铬离子，检测限为0.01 μmol/L，该探针可以快速、灵敏、选择性地检测Cr^{6+}，在环境分析中具有广阔的应用前景。Li等[79]将铜纳米团簇和金属有机骨架Zr-MOF集成到纳米检测系统中。Zr-MOF的蓝色荧光被用作荧光内标。通过Al^{3+}诱导的铜纳米团簇聚集体的荧光增强，实现了铝离子（Al^{3+}）的可视化和快速检测。这种纳米探针具有高灵敏度、快速响应和高可视化的优点。纳米探针检测Al^{3+}线性浓度为0~60 μmol/L（LOD为139 nmol/L），可用于检测环境水样中的Al^{3+}。此外，利用智能手机的比色采集和计算分析应用软件（App）构建了基于纳米探针的试纸和凝胶系统即时检测平台，指导多色荧光纳米探针在水果表面和面粉添加剂智能检测中的应用。汞离子（Hg^{2+}）是一种剧毒的环境污染物，对人类健康尤其有害，因此需要开发具有先进性能的分析技术来监测其存在。Li等[80]研究了果糖和DNA稳定的铜纳米团簇（Fru@DNA-Cu NCs）的实用性，作为一种稳定的纳米探针，其可用于Hg^{2+}的简便、灵敏检测。当与Hg^{2+}相互作用时，Fru@DNA-Cu NCs 促进了 Hg 和 Cu 之间的电子转移，改变了纳米团簇的电子构型。纳米探针表现出卓越的灵敏度，Hg^{2+} 的检测限为 2.49 nmol/L。重要的是，与其他不稳定的 Cu NCs 类似物不同，果糖的掺入增强了 Cu NCs 的稳定性，储存 4 周后仍能保持对 Hg^{2+} 的检测性能。Fru@DNA-Cu NCs 的首次合成，为 Hg^{2+} 监测提供了一种简便、快速、稳定的基于合成生物学的传感技术。Sabarinathan 等[81]合成了高度稳定的水溶性铜纳米团簇（Cu NCs），其中白鳍金枪鱼蛋白（FP）发挥了稳定剂和还原剂的双重作用。通过紫外-可见吸收光谱、傅里叶变换红外光谱、透射电子显微镜和时间分辨荧光光谱对制备的 Cu NCs 的物理化学性质进行了表征。FP-Cu NCs 在不同离子强度、pH 值下表现出高的光稳定性，具有良好的量子产率。其在 330 nm 处激发时，446 nm 处显示出最大发射。FP-Cu NCs 检测 Fe^{3+} 的线性范围为 0～50 μmol/L，检测限为 0.68 μmol/L。荧光检测的机制归因于 FP-Cu NCs 的静态猝灭和内滤效应的协同作用。通过分析环境样品中 Fe^{3+} 的含量，进一步确定了检测探针的实用性。

（2）非金属离子的检测

铜纳米团簇还可用于检测非金属离子。Bai 等[82]开发了一种简单方便的比率和可视化检测 $Cr_2O_7^{2-}$ 和 Cd^{2+} 的方法。以谷胱甘肽为原料制备了碳点（GSH@CDs），将 GSH@CDs 作为模板制备了碳点稳定的铜纳米团簇（GSH@CDs-Cu NCs），其分别在 450 nm 和 750 nm 处显示出两个发射峰。GSH@CDs-Cu NCs 可用于基于荧光猝灭或增强的 $Cr_2O_7^{2-}$ 和 Cd^{2+} 的比率和可视化检测。基于该方法，$Cr_2O_7^{2-}$ 的线性范围为 2～40 μmol/L，检测限为 0.9 μmol/L，且成功制备了 $Cr_2O_7^{2-}$ 荧光测试条。此外，GSH@CDs-Cu NCs 已成功应用于测定实际样品中的 $Cr_2O_7^{2-}$ 和 Cd^{2+}，并取得了良好的结果。Dong 等[83]将蓝色发光氮掺杂碳点（N-CDs）与铜纳米团簇（Cu-NCs）结合，能够通过"关-开"比率荧光法高灵敏度地检测 S^{2-} 和 Zn^{2+}。在水溶液中，Ce^{3+} 的掺杂增强了 Cu NCs 的荧光，量子产率高达 51.30%。S^{2-} 可以诱导 AIE-Cu NCs/N-CDs 从橙色到蓝色的荧光猝灭，而 Zn^{2+} 可以恢复橙色荧光。该探针对 S^{2-} 和 Zn^{2+} 的线性检测范围分别为 0.5～170 μmol/L 和 0.05～200 μmol/L，检测限分别为 0.17 μmol/L 和 0.02 μmol/L。此外，还开发了一种智能手机辅助比率荧光测试条，用于快速直观地检测 S^{2-} 和 Zn^{2+}。AIE-Cu NCs/N-CDs 探针表现出多样化的荧光颜色反应、高荧光稳定性和低细胞毒性。比率测量系统已成功应用于检测真实水样以及细胞和活体成像中的 S^{2-} 和 Zn^{2+}，证明了其在生化分析和食品安全监测中的潜力。Shi 等[84]提出了一种简单的一步法合成双金属金铜纳米团簇（AuCu NCs）。通过荧光光谱、紫外-可见吸收光谱、透射电子显微镜（TEM）等对制备的 AuCu NCs 进行了表征。AuCu NCs 的发射峰位于 455 nm 处，在 365 nm 紫外光的激发下显示蓝色发光。此外，在添加 Cr^{3+} 和 $S_2O_8^{2-}$ 后，AuCu NCs 的荧光发射强度在

455 nm 处显著降低，在紫外灯下蓝色荧光减弱。AuCu NCs 对 Cr^{3+} 和 $S_2O_8^{2-}$ 的检测表现出优异的线性和灵敏度。Cr^{3+} 和 $S_2O_8^{2-}$ 的检测限分别为 1.5 μmol/L 和 0.037 μmol/L。最后，通过标准添加回收率试验测定了西湖水和自来水中 Cr^{3+} 和 $S_2O_8^{2-}$ 的回收率，分别为 96.66%～116.29%和 95.75%～119.4%。Li 等[52]开发了一种基于铜纳米团簇（Cu NCs）的灵敏裸眼和比率荧光传感器，用于测定姜黄素（CCM）和次氯酸盐（ClO$^-$）。由于 CCM 和 Cu NCs 之间的内滤效应，Cu NCs 的荧光可以被猝灭，并形成比率荧光探针。在 Cu NCs-CCM 体系中加入 ClO$^-$ 后，CCM 的酚基和甲氧基被氧化为醌，然后 CCM 的荧光被猝灭，Cu NCs 的荧光被恢复。此外，CCM 和 ClO$^-$ 的连续检测伴随着溶液颜色的变化。因此，实现了 CCM 和 ClO$^-$ 半定量可视化和荧光双通道检测。检测结果表明，基于 Cu NCs-CCM 探针的检测具有较宽的检测范围（0～412 μmol/L）和较低的检测限（24 μmol/L），在牛奶和自来水检测中具有良好的回收率。此外，通过溶液颜色的采集、识别和 RGB 数据处理，引入智能手机进行图像数字比色分析，为次氯酸盐的现场快速检测提供了一种有效的方案（图 1-3）。

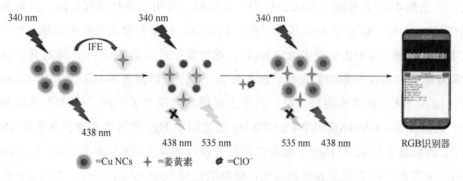

图 1-3　智能手机辅助的次氯酸盐的荧光检测[52]

（3）有机分子的检测

Zhang 等[85]首次报道了 Ce^{3+} 对铜纳米团簇（Cu NCs）荧光的影响，与 Ag NCs 和 Au NCs 相比，Cu NCs 具有优异的光学性能和较低的毒性。使用简单的一锅化学还原方法合成了谷胱甘肽包封的铜纳米团簇（GSH-Cu NCs）。GSH-Cu NCs 的激发/发射波长为 350 nm/650 nm。Ce^{3+} 的引入引发了 GSH-Cu NCs-Ce^{3+} 复合物的聚集诱导发射，导致混合系统的荧光显著增强（～42 倍）。通过引入对硝基苯酚（p-NP），GSH-Cu NCs-Ce^{3+} 体系的荧光强度（FI）显著猝灭。上述猝灭机理为内滤效应。因此，构建了一个基于 GSH-Cu

NCs-Ce^{3+}的"开-关"平台，用于荧光检测水基质中的 p-NP。在优化条件下（孵育时间 5 min，pH=5.6，20 mmol/L Ce^{3+}），GSH-Cu NCs-Ce^{3+}系统的荧光强度在 0.5～500 μmol/L 的 p-NP 浓度范围内呈线性，达到 0.17 μmol/L 的低检测限。此外，该探针对 p-NP 表现出高度的稳定性和特异性，从而为现实世界水样中痕量 p-NP 的常规监测提供了一种简单、廉价和稳健的实验方法。黄曲霉毒素 B1（AFB1）是毒性很强的霉菌毒素，可引起人类和动物的各种健康问题。因此，建立一种灵敏、方便的检测 AFB1 的方法非常重要和迫切。Sun 等[86]建立了一种基于 Ce^{4+}氧化邻苯二甲二胺（OPD）和聚乙烯吡咯烷酮保护的铜纳米团簇（PVP-Cu NCs）的比率荧光法来检测 AFB1。具有强氧化活性的游离 Ce^{4+}可以将 OPD 氧化为 2,3-二氨基吩嗪（DAP）并发出强烈的荧光。同时，磷酸二铵可以猝灭 PVP-Cu NCs 的荧光。在碱性磷酸酶（ALP）的催化作用下，三磷酸腺苷（ATP）水解并释放磷酸根离子（PO_4^{3-}）。PO_4^{3-}对 Ce^{4+}有很强的亲和力，这会减少溶液中的游离 Ce^{4+}。因此，OPD 不能被氧化为 DAP，PVP-Cu NCs 在 430 nm 处的荧光不能被猝灭。新免疫测定的检测限为 26.79 pg/mL，线性检测范围为 50～250 pg/mL。此外，AFB1 的回收率为 84.66%～105.21%，变异系数（CV）为 1.18%～4.88%。同时，新免疫测定显示出令人满意的选择性。这些结果表明，比率荧光免疫法检测实际样品中的 AFB1 是灵敏可靠的。N-乙酰-L-半胱氨酸（NAC）作为一类硫醇，常用于治疗肺部疾病、解毒和预防肝损伤。Feng 等[87]研究了 4-巯基苯甲酸（4-MBA）包覆和聚乙烯吡咯烷酮（PVP）附着的铜纳米团簇（4-MBA@PVP-Cu NCs），绝对量子产率为 10.98%，并对其合成条件（如单/双配体和温度的影响）进行了深入研究。Hg^{2+}可以猝灭 4-MBA@PVP-Cu NCs 的荧光，加入 NAC 后荧光得以恢复。基于上述原理，建立了一种"开-关"系统来检测 NAC。也就是说，4-MBA@PVP-Cu NCs-Hg 通过添加 Hg^{2+}引发静态猝灭来关闭 Cu NCs 的荧光，然后基于 NAC 和 Hg^{2+}的螯合作用打开探针的荧光。该方法在 0.05～1.25 μmol/L 的 NAC 浓度范围内表现出良好的线性，检测限低至 16 nmol/L。同时，在实际尿液、片剂和丸剂中观察到良好的回收率，证明了该方法的可靠性，为 NAC 检测提供了一种方便、快速、灵敏的方法。Yang 等[88]将 11-巯基十一烯酸（11-MUA）封端的金纳米团簇（11-MUA-Au NCs）与铜离子（Cu^{2+}）结合，构建用于 GSH 检测的"关-开"荧光探针。在该策略中，Cu^{2+}与 11-MUA-Au NCs 的结合导致 11-MUA-Au NCs 的荧光猝灭，系统的荧光信号处于"关闭"状态。由于 GSH 和 Cu^{2+}之间更强的结合能力，GSH 的加入迫使 Cu^{2+}从 11-MUA-Au NCs 脱离，导致 11-MUA-Au NCs 的荧光恢复，系统的荧光信号处于"开启"状态。该探针与 GSH 浓度在 0.05～5 μmol/L 的范围内呈线性，检测限为 33.3 nmol/L。所提出的传感器可用于精确检测商业药物和细胞裂解物中的谷胱甘肽，表明了纳米探针的潜在适用性。

1.4.2 生物成像

铜纳米团簇具有良好的生物相容性、低毒性、高发光特性和表面易修饰特性，在生物医学（细胞代谢研究和体内成像）等领域具有很大的应用前景。Thawari 等[89]使用溶菌酶（lyz）作为稳定剂合成了 pH 依赖性和水溶性的铜纳米团簇（lyz-Cu NCs）。lyz-Cu NCs 在中性 pH 下的尺寸为 3～5nm，在 490 nm 激发时表现出绿色荧光（λ_{em}≈510 nm），最大量子产率为 18%。在中性 pH 下含 lyz-Cu NCs 培养基中细胞存活率＞90%，因此可以用作细胞成像的探针。用健康和癌症细胞系，即 NIH3T3 细胞（小鼠胚胎成纤维细胞）、MCF7 细胞（人乳腺癌细胞）和 MDA-MB-231 细胞（人雌激素阴性乳腺癌细胞）进行成像（图 1-4）。Z-stack 研究表明，lyz-Cu NCs 可进入细胞中。因此，绿色荧光 lyz-Cu NCs 可以用作细胞成像的绿色荧光蛋白（GFP）的替代品，因为后者需要繁琐的表达、纯化和偶联过程。Ramadurai 等[50]报道了水溶性和生物相容性 3-巯基丙基磺酸酯（MPS）保护的新型铜纳米团簇（Cu NCs）。有趣的是，MPS 保护的 Cu NCs 的 TEM 图像显示出粒径＜2 nm 的超小纳米团簇，类似于其 Au 和 Ag 类似物。硫醇盐保护的 Cu NCs 的亲水性和生物相容性良好。此外，对 Cu NCs 与 A549 肺癌细胞系的血液相容性、细胞活力和荧光显微镜分析进行了研究。使用浓度范围为 4～22 μg/mL 的人红细胞进行溶血研究，Cu NCs 的最佳浓度为 22 μg/mL，此时溶血率为 7.5%。通过 MTT 法对 A549 肺癌细胞在最小（10 μg/mL）和最大（45 μg/mL）Cu NCs 浓度下进行细胞活力分析，分别报告 93.1%和 38.2%的细胞活力。对照和 Cu NCs 处理（20 μg/mL）细胞的倒置光学显微镜图像显示出良好的生物相容性，形态正常。当 Cu NCs 的浓度增加到 45 μg/mL 时，细胞存活率呈下降趋势，细胞形态也逐渐变性。此外，用 A549 肺癌细胞分析了 Cu NCs 的生物成像应用。经 Cu NCs 处理（20 μg/mL）的 A549 细胞的高效成像使用 FITC 滤光片（460～490 nm）产生绿色发射。由此获得的结果证实了 Cu NCs 在生物医学和癌症诊断应用中的适用性。Cao 等[90]制备了单宁酸（TA）稳定的水溶性荧光铜纳米团簇。通过紫外-可见吸收光谱、傅里叶变换红外光谱（FT-IR）、透射电子显微镜（TEM）和 X 射线光电子能谱（XPS）对 TA-Cu NCs 进行了表征。TA-Cu NCs 的激发和发射波长为 360 nm 和 430 nm，量子产率约为 14%。TA-Cu NCs 即使在 0.3 mol/L NaCl 中也非常稳定，其发光性能与 pH 无关。Cu NCs 的荧光通过电子转移机制被 Fe^{3+} 强烈猝灭，但不会被其他金属离子猝灭。此外，TA-Cu NCs 的荧光在单独添加 Fe^{2+} 或 H_2O_2 时没有变化。在此基础上，开发了一种简易的化学传感器，用于快速、可靠、灵敏和选择性地检测 Fe^{3+}，检测限低至 10 nmol/L，线性范围为 10 nmol/L 至 10 μmol/L。所提出的传感器已成功用于测定血清样本中的铁含量。重要的是，基于 Cu NCs 的荧光探针具有长期稳定性、良好的生物相容性和极低的细胞毒性，它已成功用于活细胞中铁离子的成像，表明 Cu NCs 荧光探针在临床分析和细胞成像中的潜在应用。

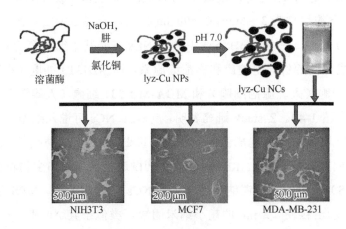

图 1-4 lyz-Cu NCs 在各类细胞中的成像[89]

1.5 主要研究内容和意义

随着社会的发展，环境、饮食、基因等问题带来越来越多的疾病，随之而来的便是药物滥用问题。适当服用药物可以治疗疾病，但过量服用和错误服用可能会出现比较严重的副作用。因此，非常有必要实现药物浓度的准确检测。作为金属纳米团簇的代表性物质，铜纳米团簇因其优异的光学性质在药物分子检测领域表现优良。鉴于药物检测的必要性和铜纳米团簇的优异性质，本书通过简单的化学还原法以不同的物质为保护剂成功制备了几种铜纳米团簇，并将其用于药物分子的高灵敏度和高选择性检测，实际应用效果令人满意。本书的主要内容如下：

第 1 章：主要就铜纳米团簇的基本概念、合成方法、基本性质和主要应用几个方面的内容进行了综述，并提出本书的研究内容和意义。

第 2 章：利用硫酸铜为前驱体，胰蛋白酶为模板剂，水合肼为还原剂合成了铜纳米团簇（Tryp-Cu NCs），并建立了以此团簇为基础的荧光检测平台用于黄芩素检测。整个制备过程快速、简便、绿色，多种表征手段被用于分析该团簇的结构与性质。Tryp-Cu NCs

的最大激发和发射波长分别为 377 nm 和 457 nm。更重要的是，该团簇的荧光可以被黄芩素有效猝灭。根据这个现象，一种简便、快速、有选择性的用于黄芩素检测的荧光探针被成功开发。在最优的检测条件下，$\ln(F_0/F)$ 值和黄芩素浓度在 0.5~60 μmol/L 的范围呈现良好的线性关系，检出限为 0.078 μmol/L。另外，Tryp-Cu NCs 被成功用于牛血清样品中黄芩素的测定且回收率令人满意。

第 3 章：以鞣酸为保护剂的铜纳米团簇（TA-Cu NCs）通过简单的一步法被抗坏血酸还原而得，具有蓝色荧光的 TA-Cu NCs 首次被应用于木犀草素的检测。水溶性的团簇拥有均匀的尺寸和优异的稳定性，最大激发和发射波长分别为 366 nm 和 434 nm。基于静态猝灭和内滤效应机理，TA-Cu NCs 的荧光被木犀草素有选择性地猝灭。线性关系范围为 0.2~100 μmol/L，检出限为 0.12 μmol/L。而且，TA-Cu NCs 被成功用于牛血清样品中木犀草素的检测，结果准确、可信赖。这个新型的平台被期望于拓展荧光分析法在检测中的应用范围。

第 4 章：以抗坏血酸同时为保护剂和还原剂的方式制得了铜纳米团簇（AA-Cu NCs）。表征结果显示，该水溶性团簇非常稳定，分散均匀，荧光强度强。该团簇的荧光可被四环素选择性地猝灭。F_0/F 值与四环素浓度在 0.9~70 μmol/L 和 80~150 μmol/L 范围内具有线性关系。猝灭机理应该是静态猝灭和内滤效应。更重要的是，该团簇实现了环境水样中四环素的检测。

第 5 章：通过一种简单的一步法，以鞣酸为模板剂，抗坏血酸为还原剂成功制得铜纳米团簇。鞣酸包覆的铜纳米团簇（TA-Cu NCs）的最大激发和发射波长为 365 nm 和 435 nm。基于内滤效应和静态猝灭机理，TA-Cu NCs 被用于金霉素的选择性和灵敏性测试。在最佳检测条件下，线性范围为 0.5~200 μmol/L，检出限为 0.084 μmol/L。在实际的牛血清样品中 94.4%~103.1%的回收率说明该测试平台可用于实际样品中金霉素的检测。

第 6 章：利用化学还原法以组氨酸为保护剂合成了铜纳米团簇（His-Cu NCs），以多西环素导致的荧光猝灭现象为基础，该团簇实现了多西环素浓度的荧光分析。在最优检测环境下，该荧光纳米探针实现了多西环素的灵敏性和选择性检测，线性范围为 0.5~200 μmol/L，检出限为 0.092 μmol/L。表征结果显示，His-Cu NCs 通过提供活性官能团产生静电相互作用和氢键作用来实现多西环素的有效识别。静态猝灭和内滤效应导致 His-Cu NCs 荧光强度的降低。该团簇被证明是实现实际样品中多西环素简便、快速检测的有力工具。

第 7 章：通过一步法，以谷胱甘肽为保护剂，抗坏血酸为还原剂成功合成了铜纳米团簇（GSH-Cu NCs）。该团簇具有优良的综合稳定性并实现了呋喃西林的高效检测。基于呋喃西林对 GSH-Cu NCs 荧光的猝灭现象，在呋喃西林的检测中线性范围表现为 0.5~100 μmol/L。更重要的是，因为静态猝灭和内滤效应，GSH-Cu NCs 在呋喃西林的检测中表现出优异的选择性，并且其在牛血清样品中的回收实验得到了令人满意的回收率和相对标准偏差。该探针为呋喃西林检测提供了更佳的检测平台且具有优异的荧光性能。

第 8 章：鞣酸作为稳定基团，在化学还原法中被成功用于制备蓝色荧光的铜纳米团簇（TA-Cu NCs）。表征结果显示，TA-Cu NCs 具有均匀的尺寸和优异的稳定性，最大激发波长和最大发射波长分别为 364 nm 和 431 nm。有趣的是，基于静态猝灭机理，TA-Cu NCs 的荧光可以被呋喃唑酮选择性猝灭。在呋喃唑酮的检测中，基于 TA-Cu NCs 的荧光分析方法具有优异的线性范围和检出限。另外，该探针成功应用于牛血清样品中呋喃西林的检测，说明 TA-Cu NCs 具有广阔的应用前景。

第 9 章：对本书内容进行了总结，并简述了本领域未来的挑战与展望。

第2章

胰蛋白酶-铜纳米团簇在黄芩素检测中的应用

2.1 引言

作为黄酮类化合物中的一员，黄芩素可以从多种植物的叶柄、根、种子和树皮中提取[7,8]。黄芩素因其抗炎、镇痛和抗癌活性[9-12]，已被成功开发应用于治疗多种疾病。但是，过量摄入黄芩素会引起痉挛、神志不清、头晕等不良反应[91]。因此，建立合适的黄芩素浓度分析方法具有重要意义。截至目前，已有伏安法[92,93]、液相色谱/质谱串联法[94]、毛细管电泳法[95]、薄层色谱法[96,97]、紫外-可见分光光度法[98]、电化学法[99,100]和荧光法[91,101]等方法被报道用于黄芩素的检测。虽然传统方法可以准确地测定黄芩素含量，但仍然存在着一些不可避免的缺点，例如成本高、耗时长、操作复杂等。与传统方法相比，荧光法因其操作简便、灵敏度高等优点在黄芩素的测定中受到广泛关注[102-105]。荧光探针是该方法的核心要素，开发新的荧光探针对黄芩素的分析是非常有必要的。

作为一种典型的荧光纳米材料，金属纳米团簇（M NCs）通常由几个至几百个原子组成。相比于有机染料和量子点，金属纳米团簇具有稳定性高、生物毒性低、斯托克斯位移大、生物相容性好等突出特点[106-109]，凭借这些优点，金属纳米团簇受到了广泛的关注。金属纳米团簇在药物检测、催化和细胞成像[110-114]等许多领域都展现出巨大的应用潜力。与金、银、铂纳米团簇相比，铜纳米团簇具有更丰富的储量和更低的成本[43-45]。近年来，铜纳米材料更是凭借其一系列优势引起了广泛关注，具有十分广阔的应用前景[51,52]。在铜纳米团簇的制备过程中，各种保护剂扮演着重要的角色，常见的保护剂包括蛋白质、聚合物、氨基酸等[53-56]。尽管这一领域已经得到了广泛的研究，但仍然存在两个挑战：①在低温[57]下开发出稳定、水溶性好和分散均匀的铜纳米团簇；②采用价格低廉的保护剂制备铜纳米团簇[58]。值得关注的是，不同保护剂稳定的铜纳米团簇用于黄芩素检测的报道很少。

因此，本章以硫酸铜为前驱体，胰蛋白酶为模板剂，水合肼为还原剂制备了铜纳米团簇（Tryp-Cu NCs），并以此为基础建立了一种绿色、简便的黄芩素分析方法。该铜纳米团簇对黄芩素有明显的荧光响应（图 2-1）。利用这一特点，建立了一种成本较低的黄芩素检测探针，该探针具有较宽的线性检测范围（0.5～60 μmol/L）和较低的检出限（0.078 μmol/L）。

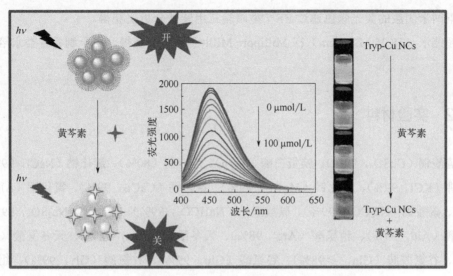

图 2-1　Tryp-Cu NCs 用于黄芩素检测的工作原理

2.2　研究思路与实验设计

2.2.1　实验仪器[①]

所有荧光数据均使用 F-7000 荧光分光光度计（日立，日本东京）获得，工作电压为 400 V，扫描速度为 1200 nm/min，E_x/E_m 狭缝宽度设置为 10 nm/10 nm，荧光比色皿尺寸为 1 cm×1 cm。

使用 2450 型紫外-可见分光光度计（190～900 nm，岛津，日本）记录所有体系的紫外-可见吸收光谱。

采用 FEI Tecnai G2 F20（美国）获得透射电子显微镜（TEM）图像，操作电压为 200 kV。

FTIR-8400S 傅里叶变换红外光谱仪（岛津，日本）用于记录红外光谱数据，采用 KBr 压片法，测量范围为 4000～400 cm^{-1}。

X 射线光电子能谱（XPS）数据通过 ESCALAB 250XI（美国）获取。

荧光寿命采用 FLS-1000 瞬态/稳态光谱仪（爱丁堡，英国）检测。

使用 FE20 pH 计（中国上海）记录所有溶液的 pH 值。

通过 DF-101SZ 磁力搅拌器（巩义）搅拌混合物。

[①] 本书所有章节涉及的设备和仪器均罗列于此，后续章节关于仪器部分不再赘述。

铜纳米团簇的荧光颜色通过 ZF-7 型暗箱三用紫外分析仪获得。

超纯水（18.25 MΩ·cm）在 Millipore Milli-Q 系统上获得，用于制备各类水溶液。

2.2.2 实验材料

硫酸铜（$CuSO_4$，99%）、胰蛋白酶（Tryp）、水合肼（80%）、氯化钠（NaCl，99%）、氯化钾（KCl，99%）、氯化镁（$MgCl_2$，99%）、氯化钙（$CaCl_2$，99%）、氯化铝（$AlCl_3$，99%）、碳酸钠（Na_2CO_3，99%）、碳酸氢钠（$NaHCO_3$，99%）、硫酸钠（Na_2SO_4，99%）、丙氨酸（Ala，99%）、精氨酸（Arg，98%）、天冬酰胺（Asn，96%）、天冬氨酸（Asp，98%）、谷氨酰胺（Gln，≥98%）、谷氨酸（Glu，99%）、甘氨酸（Gly，99%）、组氨酸（His，98%）、黄芩素（Bai，>98%）、牛血清样品。以上实验材料购自上海阿拉丁生化科技股份有限公司。

2.2.3 Tryp-Cu NCs 的合成

本章根据文献[59]通过一锅法制得 Tryp-Cu NCs，并在合成过程中进行了微小的优化调整。首先，将 5.0 mL 40 mg/mL 的胰蛋白酶溶液加入 5.0 mL 0.01 mol/L 的 $CuSO_4$ 溶液中。搅拌 5 min 后，向上述混合体系中快速加入 500 μL 0.1 mol/L 的水合肼溶液。然后，将混合溶液在 70℃下反应 4 h 后得到淡黄色溶液，表明 Tryp-Cu NCs 制备成功。最后将得到的 Tryp-Cu NCs 在 4℃下保存以备后续使用。

2.2.4 黄芩素浓度的检测及 Tryp-Cu NCs 选择性评价

为了实现黄芩素浓度的检测，首先制备不同浓度的黄芩素溶液。然后，将 1000 μL pH=8.0 的磷酸盐缓冲溶液与 1000 μL Tryp-Cu NCs 溶液混合。接着，在混合溶液中加入不同量的黄芩素溶液。室温下反应 30 s 后，在激发波长为 377 nm 下记录混合物的荧光发射光谱。

此外，为了评价 Tryp-Cu NCs 对黄芩素检测的选择性，在 Tryp-Cu NCs 溶液中加入了多种离子（Na^+、K^+、Mg^{2+}、Ca^{2+}、Al^{3+}、Cl^-、CO_3^{2-}、HCO_3^-、SO_4^{2-}）和氨基酸（Ala、

Arg、Asn、Asp、Gln、Glu、Gly、His)。然后，记录上述体系的发射光谱和强度。

2.2.5 实际样品中黄芩素的检测

将牛血清样品用磷酸盐缓冲溶液适当稀释。接着，将一系列浓度的黄芩素溶液加入到检测体系中，检测并记录荧光发射光谱。

2.3 结果与讨论

2.3.1 Tryp-Cu NCs 的表征

本章采用一步化学还原法（一锅法）制备了具有蓝色荧光的 Tryp-Cu NCs，量子产率为 3.6%。通过荧光光谱、FT-IR、TEM 和 XPS 技术对 Tryp-Cu NCs 进行了表征。如图 2-2（a）所示，当激发波长为 377 nm 时，在 457 nm 处获得了最强的荧光发射峰。在日光下，Tryp-Cu NCs 溶液呈现浅黄色，在紫外光下呈现蓝色荧光。此外，图 2-2（b）展示了 Tryp-Cu NCs 在 365～400 nm 不同激发波长下的荧光发射光谱。有趣的是，激发波长的改变并没有导致最大发射波长的明显变化，这可能是因为该团簇为粒径均匀的颗粒。

随后，利用傅里叶变换红外光谱技术对该铜纳米团簇的表面基团进行了研究。如图 2-3（a）所示，3413 cm^{-1} 处的吸收峰来源于 N—H 键，这与文献报道的结果一致[60,111]。C—H 键的吸收峰位于 2962 cm^{-1} 处。1640 cm^{-1} 和 1150 cm^{-1} 处的特征峰表明存在 C=O 和 C—N 键。1237 cm^{-1} 和 1078 cm^{-1} 处的特征峰归属于 C—O 键。1537 cm^{-1} 和 1407 cm^{-1} 处分别观察到 N—H 键和 C—H 键的伸缩振动吸收峰。傅里叶变换红外光谱结果表明，成功合成了 Tryp-Cu NCs。

接着，利用 TEM 技术对其形貌和粒径分布进行了表征。如图 2-3（b）所示，Tryp-Cu NCs 的粒径主要分布在 1.1～3.2 nm 范围内，并且未发现聚集现象。最后，用 XPS 技术研究了 Tryp-Cu NCs 的组成和元素状态。如图 2-3（c）所示，电子结合能为 287.1 eV、399.6 eV、531.1 eV 和 930.5 eV 处的四个峰分别归属于 C 1s、N 1s、O 1s 和 Cu 2p。对铜的状态也进行了研究，具体谱图如图 2-3（d）所示。932.3 eV 和 952.6 eV 处的两个峰归属于零价铜的 Cu 2p$_{3/2}$ 和 Cu 2p$_{1/2}$ 特征峰[112,113]。此外，942.0 eV 处未出现 Cu^{2+} 峰，表明 Cu^{2+} 被完全还原[77,114]。

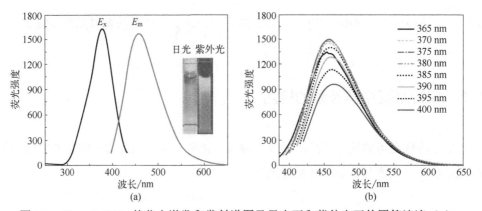

图2-2 Tryp-Cu NCs 的荧光激发和发射谱图及日光下和紫外光下的团簇溶液（a）；
激发波长对 Tryp-Cu NCs 荧光发射光谱的影响（b）

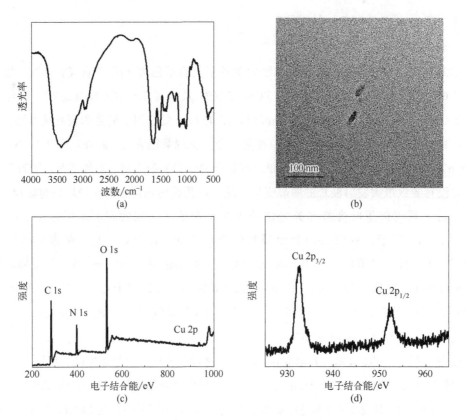

图2-3 Tryp-Cu NCs 的 FT-IR 谱图（a）；Tryp-Cu NCs 的 TEM 图（b）；
Tryp-Cu NCs（c）和铜（d）的 XPS 图

2.3.2 荧光猝灭机理研究

为了研究荧光猝灭机理，采用了不同的表征方法来进行进一步的研究。首先，研究了 Tryp-Cu NCs 在有无黄芩素存在时铜的状态。如图 2-4（a）所示，铜的状态保持不变，说明 Cu^0 或 Cu^+ 没有被氧化为 Cu^{2+}。接着研究了 Tryp-Cu NCs 在有无黄芩素存在时的 Zeta 电位。如图 2-4（b）所示，Tryp-Cu NCs 的 Zeta 电位值随着黄芩素的加入而增大。随后，进一步研究了黄芩素存在时 Tryp-Cu NCs 的粒径。如图 2-4（c）所示，和 Tryp-Cu NCs 相比，黄芩素的出现导致颗粒尺寸增大，并出现聚集现象。在此工作中，合成的 Tryp-Cu NCs 表面含有来源于胰蛋白酶的丰富官能团（—NH_2 和—COOH）。此外，黄芩素分子含有—OH 和 C=O 等官能团。因此，由于 Tryp-Cu NCs 和黄芩素之间存在相互作用（氢键、范德华力或静电相互作用），可推测聚集诱导猝灭效应存在于该体系中。上述实验结果表明，荧光猝灭的原因是 Tryp-Cu NCs 和黄芩素之间的相互作用。

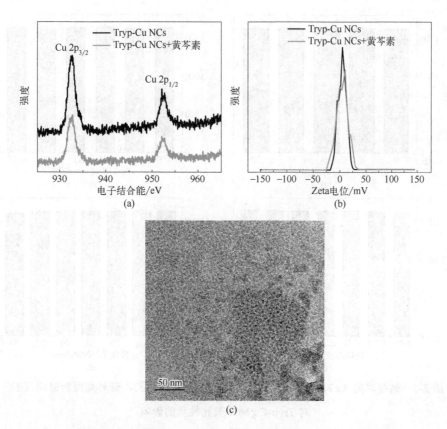

图 2-4 有无黄芩素存在时 Tryp-Cu NCs 的 XPS 图（a）和 Zeta 电位图（b）；
黄芩素存在时 Tryp-Cu NCs 的 TEM 图（c）

2.3.3 Tryp-Cu NCs 稳定性考察

为了实际应用，合成的 Tryp-Cu NCs 需要在不同条件下均具有良好的稳定性。首先考察了储存时间对 Tryp-Cu NCs 荧光性质的影响，结果如图 2-5（a）所示。在 4℃保存 20 天的情况下，Tryp-Cu NCs 的荧光强度仍非常稳定，没有显示出明显的变化。接着，考察了溶剂环境对 Tryp-Cu NCs 荧光性质的影响，结果如图 2-5（b）和图 2-5（c）所示。Tryp-Cu NCs 在不同浓度的氯化钠和双氧水中，其荧光强度没有明显变化，即使在 0.25 mol/L NaCl 和 0.30 mol/L H_2O_2 的高浓度下也没有明显变化。以上稳定性结果表明，Tryp-Cu NCs 在高离子强度和氧化条件下具有较强的稳定性。此外，该 Tryp-Cu NCs 可以在室温条件下紫外线照射 30 min 仍保持稳定［图 2-5（d）］。以上事实说明 Tryp-Cu NCs 作为荧光传感器稳定性良好，具有很大的应用潜力。

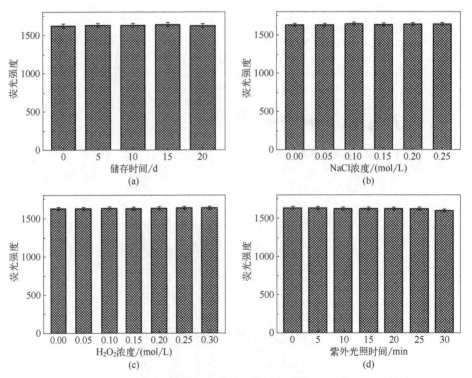

图 2-5 储存时间（a）、氯化钠浓度（b）、双氧水浓度（c）、紫外光照射时间（d）对 Tryp-Cu NCs 荧光性质的影响

2.3.4 检测条件优化

为了得到最佳的黄芩素检测条件,探讨了 pH 值和反应时间对检测结果的影响,以 F_0 表示 Tryp-Cu NCs 的荧光强度,以 F 表示加入黄芩素后 Tryp-Cu NCs 的荧光强度。如图 2-6(a)所示,随着 pH 值从 6.0 变化到 8.0,荧光强度差值(F_0-F)逐渐增大。考虑到生物体内使用的可能性,对于碱性更强的环境未进行考察,选择 8.0 作为最优 pH 值。同样,研究了反应时间对加入 100 μmol/L 黄芩素后探针体系的影响。如图 2-6(b)所示,加入黄芩素后,Tryp-Cu NCs 的荧光猝灭程度在 30 s 内便达到最大值。因此,选择 30 s 为最佳反应测试时间。

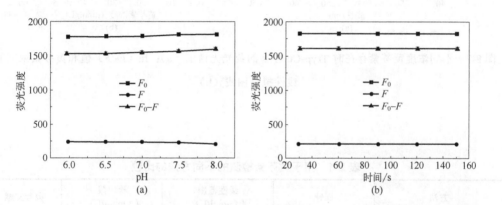

图 2-6 pH 值(a)和反应时间(b)对检测体系荧光强度的影响(F_0 和 F 分别代表黄芩素加入前后 Tryp-Cu NCs 的荧光强度)

2.3.5 检测性能考察

在最佳测试 pH 值和反应时间下,考察了 Tryp-Cu NCs 用于黄芩素检测的可行性。如图 2-7(a)所示,随着黄芩素浓度从 0 μmol/L 增加到 100 μmol/L,Tryp-Cu NCs 的荧光强度逐渐降低。当黄芩素浓度为 100 μmol/L 时,猝灭效率达到 93.3%。另外,如图 2-7(b)所示,ln(F_0/F)值与黄芩素浓度在 0.5~60 μmol/L 范围内呈现良好的线性关系,线性方程为 ln(F_0/F)=0.0334[c]+0.024(R^2=0.9969),[c]为黄芩素浓度。同时,黄芩素的检出限为 0.078 μmol/L。此外,还比较了 Tryp-Cu NCs 和其他检测方法对于黄芩素检测的性能。从表 2-1 可以看出,该平台对于黄芩素的测定不仅具有线性范围更宽、检出限更低的特点，而且制备工艺更简单。综上所述，该传感平台为黄芩素检测提供了更好的灵敏度和实用性。

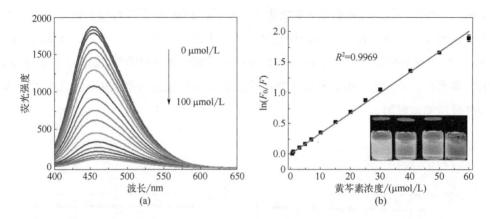

图 2-7　不同浓度黄芩素存在时 Tryp-Cu NCs 的荧光光谱图（a）；ln（F_0/F）值和黄芩素浓度的线性拟合图线（b）

表 2-1　用于黄芩素检测的不同方法的比较

方法	探针	线性范围/（μmol/L）	检出限/（μmol/L）	参考文献
伏安法	—	1～95	0.26	[92]
分光光度法	—	6.25～25	0.1	[98]
毛细管电泳法	—	0.5～1000	0.224	[95]
液相色谱-质谱联用	—	0.007～1.82	0.007	[94]
荧光法	N,S-CDs	0.69～70	0.21	[101]
荧光法	p-g-C_3N_4	2.0～30	0.053	[91]
荧光法	Tryp-Cu NCs	0.5～60	0.078	—

2.3.6　黄芩素检测的选择性和竞争实验

众所周知，在实际应用中，一些生物分子和离子对黄芩素的检测有严重的干扰。实际的牛血清样品中存在不同种类的氨基酸、金属离子和非金属离子。因此，在黄芩素检测的选择性实验研究中，将丙氨酸、精氨酸、天冬氨酸、天冬氨酸、谷氨酰胺、谷氨酸、甘氨酸、组氨酸、Na^+、K^+、Mg^{2+}、Al^{3+}、CO_3^{2-}、HCO_3^-、Cl^-、SO_4^{2-}等作为干扰成分。从图2-8（a）、(b)可以看出，除了黄芩素，其他干扰物质的加入没有导致荧光信号的明显变化，说明这些干扰物对黄芩素的检测影响不大。图2-8（c）则直观地展示了添加干扰物后探针溶液在紫外灯下的照片，从图中可以很明显地看出，其他干扰物存在的溶液荧光依然明显，而黄芩素存在的溶液荧光明显减弱很多，从视觉上更直观地证明了黄芩素的猝灭作用。

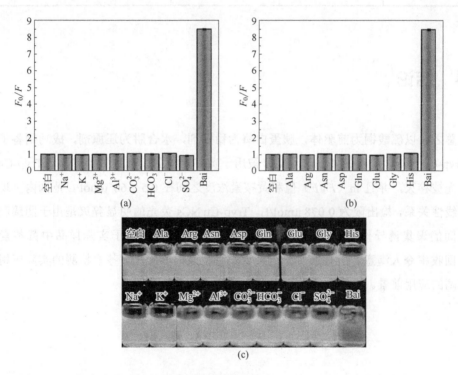

图2-8 可能存在的干扰物对黄芩素检测的影响（a、b）；不同干扰物存在时，Tryp-Cu NCs在紫外灯下的照片（c）

2.3.7 实际样品中黄芩素的检测结果

为探索该检测平台的应用能力，将该团簇用于牛血清样品中黄芩素的测定。具体地说，对牛血清样品进行了校准和标准添加操作，牛血清样品中黄芩素的含量由上述回归方程求得。从表 2-2 中可以看出，黄芩素的回收率在 92.8%～104.5%之间，相对标准偏差较小。因此，该平台对实际样品中黄芩素的检测具有良好的应用潜力。

表 2-2　牛血清样品中黄芩素检测的回收试验

样品	添加量/（μmol/L）	检测量/（μmol/L）	回收率/%	相对标准偏差（n=3）/%
牛血清	10	9.28	92.8	3.22
	30	42.22	104.5	2.88
	50	48.87	97.7	3.17

2.4　结论

总之，以硫酸铜为前驱体，胰蛋白酶为稳定剂，水合肼为还原剂，成功制备了水溶性 Tryp-Cu NCs，制备的 Tryp-Cu NCs 被用于黄芩素检测。加入黄芩素后，Tryp-Cu NCs 的荧光被猝灭，并且 ln（F_0/F）值和黄芩素浓度之间在 0.5～60 μmol/L 范围内呈现出很好的线性关系，检出限为 0.078 μmol/L。Tryp-Cu NCs 荧光的明显猝灭是由于团簇和黄芩素之间的聚集诱导作用。此外，该荧光检测平台已成功地用于实际样品中黄芩素的测定，回收率令人满意。所有的实验结果均表明，该传感器在黄芩素检测的实际应用中具有广阔的应用前景。

第3章

鞣酸-铜纳米团簇在木犀草素检测中的应用

3.1 引言

木犀草素是一种代表性的黄酮类化合物，广泛存在于植物、蔬菜和水果中[115,116]。许多医学研究表明木犀草素具有抗氧化、抗炎和抗过敏活性，对人体健康有益[117]。由于木犀草素具有以上特性，它被用于治疗一些疾病，并取得了良好的临床效果。但也有研究报道过量使用木犀草素会对机体产生严重的副作用[117,118]。因此，建立一种快速、简便、准确的木犀草素检测方法具有重要意义。

许多检测木犀草素的分析方法被报道，包括高效液相色谱和质谱法[119]、分光光度法[120]、毛细管电泳法[121]和电化学法[122]。然而，耗时、成本高或操作复杂等缺点限制了这些方法用于实际样品中木犀草素检测的可能性[123,124]。与上述方法相比，荧光分析法因其成本低、灵敏度高和操作简便等优点而被认为优于其他方法[125,126]。该方法中，具有高选择性和高灵敏度的探针以及简单的探针制备方法是关键。

近年来，金属纳米团簇（M NCs）因其优异的光稳定性、良好的生物相容性和低毒性而被广泛应用于化学传感、催化和生物成像等领域[106-108]。与合成金和银纳米团簇昂贵的前驱体相比，铜纳米团簇（Cu NCs）的原料成本低，储量丰富且易得[43-45]。因此，与贵金属纳米团簇相比，铜纳米团簇更适合于实际应用。近年来，一系列荧光 Cu NCs 被成功合成并应用于多个领域[51-53]。然而，Cu NCs 目前尚未用于木犀草素的检测。

目前，采用 DNA、蛋白质、聚合物等稳定剂合成 Cu NCs 的方法有很多[53-56]。但这些模板剂总是导致 Cu NCs 形成较大的流体动力学半径，这限制了 Cu NCs 的潜在应用[69,70]。为了克服这一局限性，本章采用小分子鞣酸（TA）作为保护剂制备了 TA-Cu NCs，并将其作为简便、灵敏的木犀草素荧光检测探针。采用紫外-可见吸收光谱、荧光光谱、透射电子显微镜（TEM）、傅里叶变换红外光谱（FT-IR）、X 射线光电子能谱（XPS）和荧光寿命分析技术对其结构和光学性质进行了分析。此外，还考察了紫外光照时间、离子强度和储存时间对 TA-Cu NCs 稳定性的影响。更重要的是，该探针实现了牛血清中木犀草素的灵敏和选择性检测。图 3-1 描述了荧光 TA-Cu NCs 的合成及其在木犀草素检测中的应用。

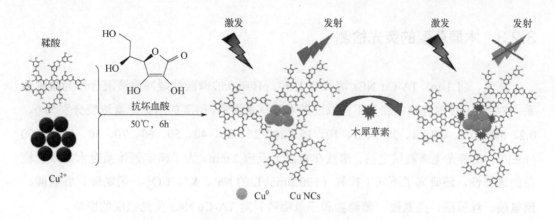

图 3-1　TA-Cu NCs 的合成及其在木犀草素检测中的应用

3.2　研究思路与实验设计

3.2.1　实验材料

硝酸铜[$Cu(NO_3)_2·3H_2O$，99%]、鞣酸（TA，分析纯）和抗坏血酸（AA，99%）购买于中国国药化学试剂有限公司。氯化钠（NaCl，99.5%）、氯化钾（KCl，99.5%）、碳酸钠（Na_2CO_3，99.5%）、丙氨酸（Ala，99%）、谷氨酸（Glu，98%）、酪氨酸（Tyr，98%）、丝氨酸（Ser，97%）、亮氨酸（Leu，98%）、葡萄糖（Glu，98%）、三氧嘌呤（Tri，99%）、木犀草素（Lut，98%）购于上海阿拉丁生化科技股份有限公司。

3.2.2　TA-Cu NCs 的合成

根据之前的报道，采用简便的一锅法合成了鞣酸稳定的铜纳米团簇[127]。首先，将 0.5 mL 1 mmol/L 的鞣酸和 1 mL 0.1 mol/L 的硝酸铜溶液加入 100 mL 水中，在室温下搅拌 5 min。加入 1 mL 1 mol/L 抗坏血酸后在 50℃下搅拌 6 h，得到淡黄色的溶液。最后，采用透析膜（M_W: 3500）分离纯化 24 h，纯化后的 TA-Cu NCs 在 4℃下保存备用。

3.2.3 木犀草素的荧光检测

首先，将 1 mL TA-Cu NCs 溶液与 1 mL pH=6.0 的磷酸盐缓冲溶液混合作为检测体系。然后在上述混合物中加入不同浓度的木犀草素溶液，得到的木犀草素浓度分别为 0、0.2、0.4、0.6、0.8、1、3、5、7、10、15、20、25、30、40、50、60、70、80、90 和 100 μmol/L。在荧光光谱测试之前，溶液在室温下反应 2 min。为了确定该体系对木犀草素检测的选择性，还研究了不同干扰物（100 μmol/L 的 Na^+、K^+、CO_3^{2-}、丙氨酸、谷氨酸、酪氨酸、丝氨酸、亮氨酸、葡萄糖和三氧嘌呤）对 TA-Cu NCs 荧光强度的影响。

3.2.4 牛血清样品中木犀草素的测定

本章通过牛血清样品中木犀草素浓度的检测实验来验证 TA-Cu NCs 的实用性。先将牛血清样品用 pH=6.0 的磷酸盐缓冲溶液稀释 100 倍，然后用于溶解木犀草素。将不同量的木犀草素加入检测体系中。木犀草素的最终加入浓度分别为 5、10、15 和 20 μmol/L。室温下反应 2 min 后，检测并记录荧光光谱，计算回收率结果。

3.3 结果与讨论

3.3.1 TA-Cu NCs 的结构表征

如图 3-2（a）所示，当激发波长为 366 nm 时，TA-Cu NCs 在 434 nm 处表现出最强的荧光发射峰。作为典型特征，TA-Cu NCs 溶液在日光下呈浅黄色，在 365 nm 的紫外光下变为深蓝色。此外，图 3-2（b）中 TA-Cu NCs 唯一的荧光发射峰说明该荧光是由 TA-Cu NCs 发出的，而不是由反应物抗坏血酸、鞣酸和硝酸铜发出。

采用荧光光谱、紫外可见吸收光谱和透射电镜等方法研究了 TA-Cu NCs 的形貌和光学性质。在图 3-3（a）中，当激发波长从 330 nm 变化到 380 nm，最大发射峰的位置几乎没有变化。上述激发不依赖现象可能归因于 TA-Cu NCs 的均匀尺寸[63,125]。在图 3-3（b）的紫外-可见吸收光谱中，TA-Cu NCs 在 255 nm 左右的吸收峰属于铜纳米团簇的特征峰。同时，500~600 nm 范围内没有吸收峰，说明 TA-Cu NCs 形成的是小的铜纳米颗粒，而不是大尺寸的铜纳米颗粒[128,129]。为了更直观地观察颗粒分布，采用了 TEM 表征。图 3-3（c）的图像显示，TA-Cu NCs 为均匀分散的球形颗粒，平均粒径约为 2.5 nm。由图 3-3（d）计算得到的晶格间距为 2.01 Å，这归因于 TA-Cu NCs 中金属 Cu（1 1 1）晶格面[139,131]。

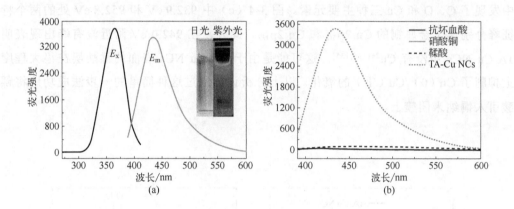

图 3-2　TA-Cu NCs 的荧光激发和发射光谱及日光下和紫外光下的探针溶液（a）；抗坏血酸、硝酸铜、鞣酸和 TA-Cu NCs 的荧光发射光谱（b）

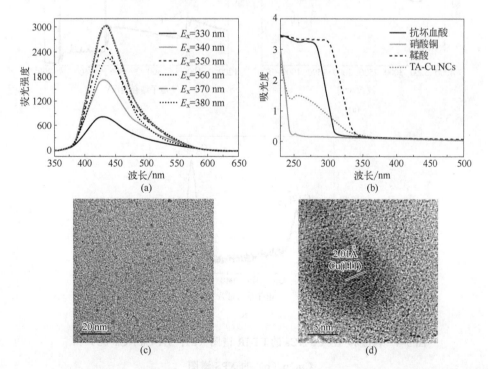

图 3-3　激发波长（330～380 nm）对 TA-Cu NCs 荧光发射光谱的影响（a）；抗坏血酸、硝酸铜、鞣酸、TA-Cu NCs 的紫外-可见吸收光谱（b）；TA-Cu NCs 的 TEM 图像（c～d）

为了进一步研究 TA-Cu NCs 的结构和组成，FT-IR 和 XPS 技术同样被采用。红外光谱结果被用来研究 TA-Cu NCs 表面的官能团。从图 3-4（a）中可以看出，几乎相同的峰位表明 TA-Cu NCs 表面存在鞣酸的特征峰[90]。然而，与鞣酸相比，TA-Cu NCs 的吸收峰强度降低，峰宽度增加，表明鞣酸与团簇之间存在相互作用[128,132,133]。同时，用 XPS 研究了 TA-Cu NCs 中的元素组成和化学状态。图 3-4（b）显示，在 TA-Cu NCs 中发现了 C、O 和 Cu 三种主要元素。图 3-4（c）中 932.9 eV 和 952.8 eV 处的两个特征峰分别属于金属铜的 Cu $2p_{3/2}$ 和 Cu $2p_{1/2}$。此外，在 942.0 eV 附近没有峰出现表明 TA-Cu NCs 中没有 Cu^{2+}[134,135]。这可能是由于 TA-Cu NCs 表面的鞣酸层在很大程度上抑制了 Cu（0）/Cu（Ⅰ）的氧化。以上分析说明通过这种简单的一步法成功地将鞣酸引入铜纳米团簇上。

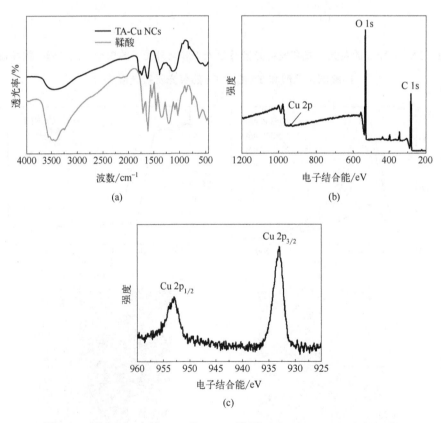

图 3-4　鞣酸和 TA-Cu NCs 的 FT-IR 谱图（a）；TA-Cu NCs（b）和
Cu 2p（c）的 XPS 谱图

3.3.2 TA-Cu NCs 的稳定性

发光纳米材料的稳定性在很大程度上决定了其实际应用的可能性。基于此，研究了 TA-Cu NCs 在不同条件下的稳定性，分别考察了储存时间、紫外光照时间、NaCl 浓度对 TA-Cu NCs 荧光性质的影响。如图 3-5（a）所示，在 4℃条件下保存 30 天后，荧光强度没有出现明显变化。图 3-5（b）显示，紫外灯连续照射 60min 后，荧光强度保持稳定，说明其具有良好的光稳定性。更重要的是，图 3-5（c）展示了离子强度的影响，在浓度高达 0.5 mol/L 的 NaCl 溶液中，TA-Cu NCs 的荧光强度依然很强，说明其在高离子强度条件下表现出优异的耐受性。综上所述，作为荧光探针，TA-Cu NCs 在不同体系中均具有良好的稳定性。

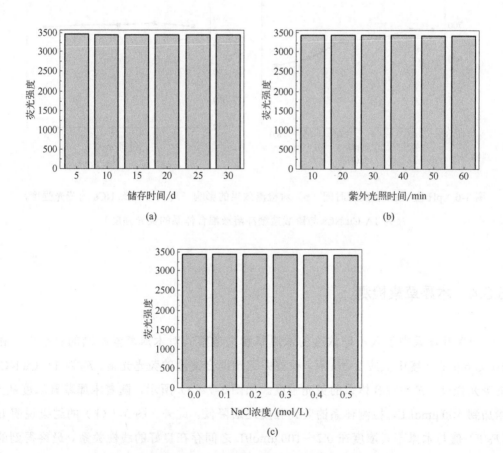

图 3-5 储存时间（a）、紫外光照时间（b）、NaCl 浓度（c）对 TA-Cu NCs 荧光性质的影响

3.3.3 检测条件优化

为探索最佳检测条件，通过单因素实验研究了 pH 和反应时间对检测效果的影响。首先，将 TA-Cu NCs 与 pH 为 5.7~8.0 的磷酸盐缓冲溶液混合。如图 3-6（a）所示，探针体系减少的荧光强度先上升后下降，在 pH 为 6.0 的磷酸盐缓冲溶液中下降幅度最大。反应时间的影响如图 3-6（b）所示，反应时间对检测效果的影响也观察到类似的变化规律，反应时间的最佳选择是 2 min。因此，选择最理想的实验条件为 pH 为 6.0，反应时间为 2 min。

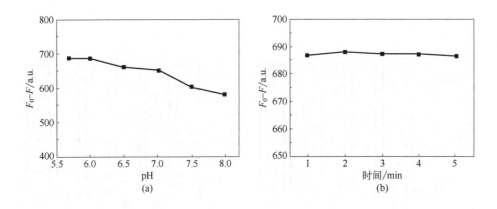

图 3-6 pH 值（a）和反应时间（b）对检测效果的影响（F_0 为 TA-Cu NCs 的荧光强度，F 为 TA-Cu NCs 与磷酸盐缓冲溶液混合体系的荧光强度）

3.3.4 木犀草素检测

向探针体系中加入不同浓度的木犀草素来考察其对木犀草素检测的灵敏度。在 pH 为 6.0 的环境中反应 2 min 后，检测并记录混合溶液的荧光光谱，F_0 为 TA-Cu NCs 的荧光强度，F 为混合体系的荧光强度。如图 3-7（a）所示，随着木犀草素浓度从 0 增加到 100 μmol/L，检测体系的荧光强度逐渐降低。此外，图 3-7（b）的结果说明 $\ln(F_0/F)$ 值与木犀草素浓度在 0.2~100 μmol/L 之间存在良好的线性关系。最终得到的线性方程为 $\ln(F_0/F)=0.02373[C]+0.02527$（$R^2=0.9991$），其中 $[C]$ 为木犀草素浓度（单位为 μmol/L），检出限为 0.12 μmol/L。有规律的荧光猝灭表明 TA-Cu NCs 对木犀草素的检测效率较高。与表 3-1 中的其他检测方法相比,基于本章制备的探针的检测方法检出限值更低,线性范围更宽,说明 TA-Cu NCs 在木犀草素检测中具有很大的应用前景。

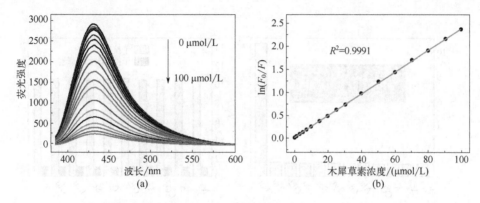

图 3-7 不同浓度木犀草素存在时检测体系的荧光光谱(a);ln(F_0/F)值与木犀草素浓度的线性关系(b)

表 3-1 用于木犀草素检测的不同方法间的比较

方法	线性范围/(μmol/L)	检出限/(μmol/L)	参考文献
高效液相色谱	0.31~89	0.070	[136]
毛细管电泳	6.60~528	0.45	[121]
毛细管电泳	4.0~33	0.58	[137]
电化学	0.05~60	0.02	[138]
荧光法	0.2~100	0.12	—

3.3.5 TA-Cu NCs 的选择性

为了探究 TA-Cu NCs 的选择性,研究了 100 μmol/L 的 Na^+、K^+、CO_3^{2-}、丙氨酸、谷氨酸、酪氨酸、丝氨酸、亮氨酸、葡萄糖和三氧嘌呤对 TA-Cu NCs 荧光强度的影响。从图 3-8(a)可以看出,只有木犀草素对 TA-Cu NCs 的荧光强度有较大的影响,其他干扰物对 TA-Cu NCs 荧光强度的影响都不明显。更重要的是，根据图 3-8（b）的结果，在木犀草素与这些干扰物质共存的情况下，荧光猝灭效果仍然保持稳定，这表明 TA-Cu NCs 在木犀草素的检测中具有良好的抗干扰性。上述结果表明，TA-Cu NCs 能够有效地区分木犀草素和其他物质，对于木犀草素检测具有较高的选择性。

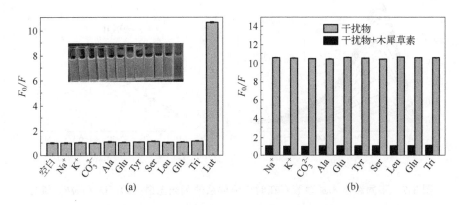

图 3-8 不同干扰物存在时的 F_0/F 值（F_0 和 F 分别代表干扰物不存在和存在时 TA-Cu NCs 的荧光强度）（a）；木犀草素与干扰物共同存在时 TA-Cu NCs 的荧光响应（b）

3.3.6 荧光猝灭机理

TA-Cu NCs/木犀草素体系的紫外-可见吸收光谱被用来研究具体的荧光猝灭机理。如图 3-9（a）所示，与 TA-Cu NCs 和木犀草素单独的吸收光谱相比，TA-Cu NCs/木犀草素体系具有更强的吸光度和波长的"红移"。这可能是因为木犀草素中的羟基使其成为 TA-Cu NCs 的发色团。特别是，TA-Cu NCs/木犀草素体系在 285nm 处出现新的吸收峰，说明木犀草素与 TA-Cu NCs 通过氢键发生相互作用，并导致了静态猝灭的可能性。

为了进一步验证猝灭机理，Stern-Volmer 方程：$F_0/F=1+K_{sv}[C]=1+K_q\tau_0[C]$[139,140]被采用。其中，$F_0$ 和 F 分别为 TA-Cu NCs 和 TA-Cu NCs/木犀草素体系的荧光强度，$[C]$ 为木犀草素的浓度，K_{sv} 为 Stern-Volmer 猝灭常数，τ_0 为 TA-Cu NCs 的荧光寿命（1.74 ns）。经计算，K_{sv} 和 K_q 分别为 3.45×10^4 L/mol 和 1.98×10^{13} L/（mol·s）。K_q 值远大于最大散射碰撞猝灭常数 [2×10^{10} L/（mol·s）]，说明荧光猝灭机理是静态猝灭[141,142]。

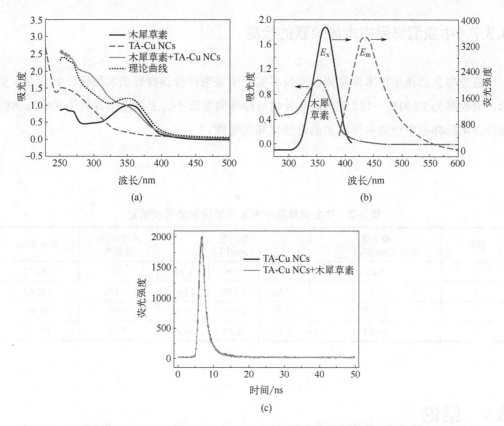

图 3-9 木犀草素、TA-Cu NCs 和 TA-Cu NCs/木犀草素体系的紫外-可见吸收光谱（a）；
木犀草素的紫外-可见吸收光谱，TA-Cu NCs 的荧光激发和发射光谱（b）；
TA-Cu NCs 和 TA-Cu NCs/木犀草素体系的荧光寿命测试结果（c）

内滤效应通常也被认为是猝灭现象的原因，特别是当猝灭剂的吸收峰与探针的激发和/或发射峰之间存在较大的光谱重叠时[143,144]。如图 3-9（b）所示，木犀草素的吸收光谱与 TA-Cu NCs 的激发光谱重叠。上述结果说明了 TA-Cu NCs/木犀草素体系存在内滤效应或荧光共振能量转移的可能性[134,135,145]。

为了进一步确定确切的猝灭机理，进行了荧光寿命表征。对于静态猝灭，加入猝灭剂前后探针的荧光寿命变化不大。根据图 3-9（c）的结果，计算出木犀草素不存在和存在时 TA-Cu NCs 的荧光寿命分别为 1.74 ns 和 1.73 ns。这样的结果确定了 TA-Cu NCs/木犀草素体系荧光猝灭的原因是内滤效应而不是荧光共振能量转移[146-148]。这些数据都证明了 TA-Cu NCs/木犀草素体系的荧光猝灭机理是静态猝灭和内滤效应。

3.3.7 牛血清样品中木犀草素的检测

通过牛血清样品中木犀草素的回收率实验结果来评价该探针的实用性。如表 3-2 所示，回收率为 98.91%～102.63%，而且相对标准偏差较小。上述结果说明了 TA-Cu NCs 探针在实际样品中检测木犀草素的可靠性和实用性。

表 3-2　牛血清样品中木犀草素检测的回收试验

样品	添加量 /（μmol/L）	检测量 /（μmol/L）			相对标准偏差/%	回收率/%
1	5.00	4.87	5.06	5.15	2.32	100.53
2	10.00	10.13	10.25	10.41	1.12	102.63
3	15.00	14.73	14.85	14.93	0.55	98.91
4	20.00	19.82	20.15	20.31	1.02	100.47

3.4　结论

综上所述，以鞣酸为稳定剂，抗坏血酸为还原剂，通过简单的一步法合成了荧光 TA-Cu NCs。基于静态猝灭和内滤效应机理，水溶性的 TA-Cu NCs 被应用于木犀草素的高灵敏度和高选择性检测。实验结果表明，TA-Cu NCs 与木犀草素在 0.2～100 μmol/L 范围内呈线性关系，检出限为 0.12 μmol/L。更重要的是，TA-Cu NCs 在牛血清样品中木犀草素检测的成功应用表明该荧光探针在许多领域具有良好的实用性。

第4章

抗坏血酸-铜纳米团簇在四环素检测中的应用

4.1 引言

作为一种广谱抗生素，四环素能有效抑制革兰氏阳性菌和革兰氏阴性菌的生长。因为容易获得和成本相对低廉的优势，四环素被广泛用于医疗、畜牧业和水产养殖业。然而，从被污染的水或食物中意外摄入过量四环素可能导致机体不耐受和肾毒性等不良影响[149-153]。因此，开发一种简便、快速、灵敏的方法用于天然水资源中四环素的检测具有重要意义。

检测四环素的方法有很多，如高效液相色谱法、质谱法、毛细管电泳法、分光光度法、荧光法和化学发光法。但这些方法大多存在成本高、制备工艺复杂或需要专业人员操作等缺点[154-157]。作为一种高效的分析方法，荧光分析法因其灵敏度高、操作简单、成本低等特点而更适合环境监测[125,126]。而该方法中影响检测效果的关键因素是高性能荧光材料的选择。

作为一种有前景的荧光材料，金属纳米团簇因其良好的水溶性和稳定性、生物相容性以及优异的催化性能而备受关注。这些特性使其在生物标记和传感方面具有潜在的应用前景[158-161]。之前的研究主要集中在金和银纳米团簇上，随着研究的发展，铜纳米团簇由于其独特的荧光特性和低成本而引起了人们的广泛关注[43-45]。目前，许多方法被用于合成铜纳米团簇，在这些方法中 DNA、蛋白质、聚合物、硫醇等被作为稳定剂。但这些方法存在仪器和步骤复杂、成本高等缺点。同时，大多数报道的铜纳米团簇是由有机溶剂或强还原剂合成的，对人体健康存在有害影响[53-57]。因此，探索一种简单易行的策略来合成具有良好水溶性、稳定性、高效且不需要强还原剂和有机溶剂的铜纳米团簇是有重要意义的。

基于上述事实，本章在水溶液中不添加额外的稳定剂、有机溶剂和强还原剂的情况下，采用绿色简便的方法，仅使用抗坏血酸（AA）便合成了铜纳米团簇（AA-Cu NCs），如图 4-1 所示。采用紫外-可见分光光度法、透射电子显微镜、X 射线光电子能谱和傅里叶变换红外光谱技术对其结构和性能进行了表征。此外，还研究了储存时间、NaCl 浓度和紫外光照时间对其荧光强度的影响，以考察该铜纳米团簇的稳定性。最后，采用本章制备的荧光探针检测了环境水分中的四环素含量。

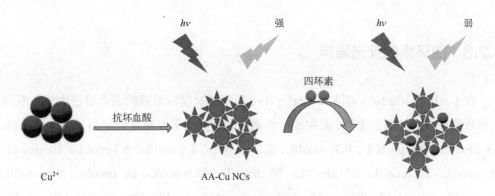

图 4-1　AA-Cu NCs 的合成及在四环素检测中的应用

4.2　研究思路与实验设计

4.2.1　实验试剂

所有化学试剂均为分析纯并且没有进一步纯化而直接使用。硝酸铜［$Cu(NO_3)_2·3H_2O$，99%］、抗坏血酸（AA，99%）购买自中国国药化学试剂有限公司。氯化钠（NaCl，99.5%）、氯化铵（NH_4Cl，98%）、氯化镁（$MgCl_2$，99%）、氯化铜（$CuCl_2$，98%）、氯化钴（$CoCl_2$，97%）、氯化锰（$MnCl_2$，99%）、碳酸钠（Na_2CO_3，99%）、碳酸氢钠（$NaHCO_3$，99.8%）、青霉素（PEN，98%）、链霉素（STR，99.2%）、氯霉素（CHL，99.5%）、甘氨酸（Gly，99.8%）、丙氨酸（Ala，99%）、葡萄糖（Glu，98%）和四环素（Tet，98%）购自上海阿拉丁生化科技股份有限公司。

4.2.2　AA-Cu NCs 的制备

AA-Cu NCs 通过一种报道过的简单方法进行合成[141]。首先，在室温下将 3.5 mL 0.1 mol/L 的抗坏血酸溶液滴加到 3.5 mL 0.1 mol/L 的硝酸铜溶液中。然后搅拌 2 min，于室温和无光环境下静置 3 h。溶液颜色由深蓝色变为淡黄色，表明 AA-Cu NCs 合成成功。最后用透析膜（M_W：2000）纯化溶液 24 h，在 4℃下保存以备之后使用。

4.2.3 四环素的荧光测定

在 1 mL AA-Cu NCs 溶液和 1 mL pH=6 的磷酸盐缓冲溶液的混合溶液中加入不同量的四环素进行荧光测定实验,其中混合溶液中四环素的最终浓度分别为 0、0.1 μmol/L、0.3 μmol/L、0.5 μmol/L、0.7 μmol/L、0.9 μmol/L、2 μmol/L、5 μmol/L、10 μmol/L、15 μmol/L、20 μmol/L、25 μmol/L、30 μmol/L、40 μmol/L、50 μmol/L、60 μmol/L、70 μmol/L、80 μmol/L、90 μmol/L、100 μmol/L、110 μmol/L、120 μmol/L、130 μmol/L、140 μmol/L 和 150 μmol/L。在室温下反应 2 min 后进行荧光检测,记录激发波长为 389 nm 时的荧光发射数据。为了研究 AA-Cu NCs 的选择性,在相同条件下研究了干扰物(Na^+、NH_4^+、Mg^{2+}、Cu^{2+}、Co^{2+}、Mn^{2+}、CO_3^{2-}、HCO_3^-、青霉素、链霉素、氯霉素、甘氨酸、丙氨酸和葡萄糖)对 AA-Cu NCs 荧光强度的影响。

4.2.4 实际水样中四环素的检测

为验证 AA-Cu NCs 检测实际水样中四环素的可行性,将不同剂量的四环素添加到校园采集的湖水中进行回收实验。实验前先将真实水样过滤去除悬浮颗粒,然后离心得到上清液。

4.3 结果与讨论

4.3.1 AA-Cu NCs 的表征

采用荧光光谱法和紫外-可见分光光度法研究了 AA-Cu NCs 的光学性质。如图 4-2(a)所示,AA-Cu NCs 的最大激发峰和最大发射峰分别位于 389 nm 和 453 nm 处。AA-Cu NCs 溶液在日光下呈现透明的淡黄色,在 365 nm 紫外光下显示出明亮的蓝色荧光。与大多数荧光纳米团簇一样,当激发波长从 350 nm 变到 410 nm,AA-Cu NCs 也显示出激发依赖性这种典型的荧光特性[图 4-2(b)][162]。

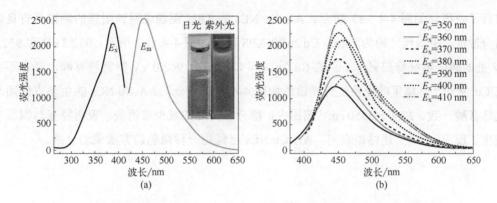

图 4-2 AA-Cu NCs 的荧光激发和发射光谱及日光下和紫外光下的探针溶液（a）；
不同激发波长对 AA-Cu NCs 荧光发射光谱的影响（b）

为了确定荧光来源，测试了不同物质的荧光发射光谱，结果如图 4-3（a）所示。只有 AA-Cu NCs 呈现出明显的峰值，抗坏血酸与硝酸铜的发射峰接近一条直线，结果说明荧光来源于团簇而不是反应物。各物质的紫外-可见吸收光谱见图 4-3（b）。AA-Cu NCs 在 360 nm 处出现吸收峰以及在 500~600 nm 范围内无峰出现表明该团簇的尺寸较小。

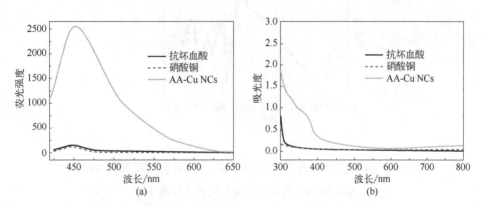

图 4-3 抗坏血酸、硝酸铜和 AA-Cu NCs 的荧光发射光谱（a）和
紫外-可见吸收光谱（b）

采用透射电镜、X 射线光电子能谱和傅里叶变换红外光谱技术对 AA-Cu NCs 的结构

进行了表征。如图 4-4（a）所示，AA-Cu NCs 的 TEM 图像说明该团簇的颗粒具有良好的分散性，平均尺寸约为 2 nm。Cu 2p 的 XPS 谱图如图 4-4（b）所示，932.3 eV 和 952.1 eV 处的两个特征峰归属于 Cu^0 的 Cu $2p_{3/2}$ 和 Cu $2p_{1/2}$。942.0 eV 附近没有峰，证实不存在 Cu^{2+}[143,144]。傅里叶变换红外光谱图如图 4-4（c）所示，AA-Cu NCs 的主要官能团与抗坏血酸一致。2750～3550 cm^{-1} 范围内，部分吸附峰的减少或消失，表明羟基与铜原子发生了反应[147]。上述结果表明，AA-Cu NCs 已经用一种绿色的方法成功合成。

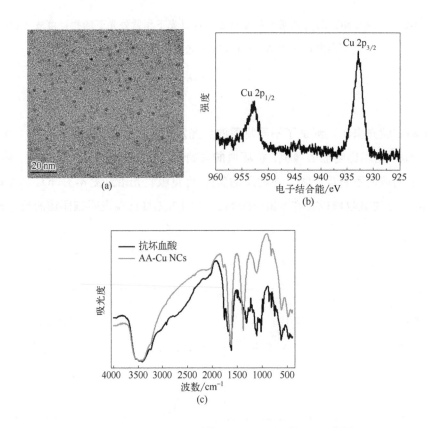

图 4-4　AA-Cu NCs 的 TEM 图像（a）；Cu 2p 的 XPS 谱图（b）；
AA-Cu NCs 的傅里叶变换红外光谱图（c）

4.3.2　AA-Cu NCs 的稳定性

为了证实 AA-Cu NCs 的稳定性，研究了储存时间、离子强度和紫外光照射时间对该团簇荧光性质的影响。如图 4-5（a），AA-Cu NCs 在 4℃下保存 30 天后，荧光强度仅发生轻微变化。同时，不同浓度 NaCl（0～0.5 mol/L）存在下 AA-Cu NCs 的荧光强度如图 4-5（b）所示。NaCl 浓度的增加仅仅导致其荧光强度的微小变化，表明即使在高离子强度的环境下，AA-Cu NCs 也是稳定的。最后，连续的紫外光照测试结果见图 4-5（c）。经过 60 min 的紫外光照射后，其荧光强度几乎没有变化。这些结果表明，所得的 AA-Cu NCs 具有良好的稳定性。

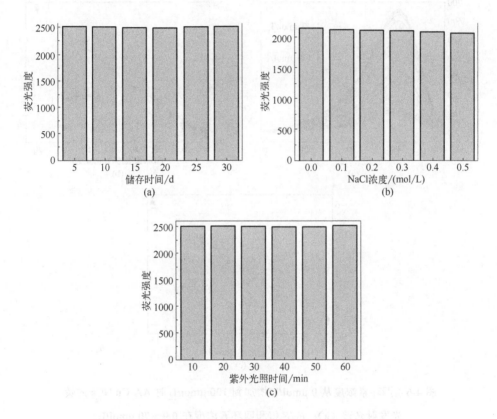

图 4-5　储存时间（a）、NaCl 浓度（b）和紫外光照时间（c）对 AA-Cu NCs 荧光性质的影响

4.3.3　四环素的荧光测定

通过引入不同浓度的四环素，来证明 AA-Cu NCs 用于四环素检测的灵敏度，F_0 为 AA-Cu NCs 的荧光强度，F 为四环素和 AA-Cu NCs 混合体系的荧光强度。如图 4-6（a）所示，当四环素浓度从 0 μmol/L 增加到 150 μmol/L 时，AA-Cu NCs 的荧光强度逐渐降

低。F_0/F 值和四环素浓度在 0.9～70 μmol/L 和 80～150 μmol/L 两个范围内，具有不同的线性关系。拟合后，线性方程分别为 $F_0/F=0.01973[Q]+0.9410$（$R^2=0.9922$，0.9～70 μmol/L）和 $F_0/F=0.04961[Q]-1.4825$（$R^2=0.9901$，80～150 μmol/L），其中[Q]代表四环素浓度。检出限约为 0.035 μmol/L。

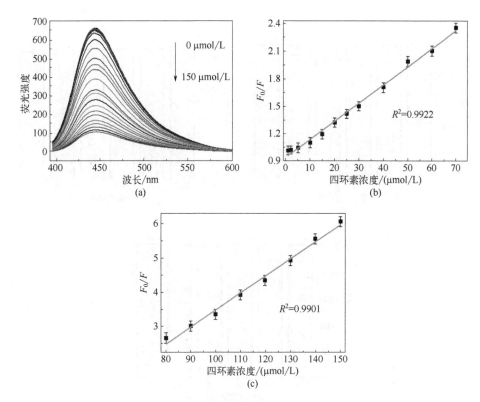

图 4-6　四环素浓度从 0 μmol/L 增加到 100 μmol/L 时 AA-Cu NCs 的荧光发射光谱（a）；F_0/F 值和四环素浓度在 0.9～70 μmol/L（b）与 80～150 μmol/L（c）之间的线性关系

4.3.4　AA-Cu NCs 的选择性

选择性是评价探针性能的一个重要参数。在相同条件下，研究 150 μmol/L 干扰物（Na^+、NH_4^+、Mg^{2+}、Cu^{2+}、Co^{2+}、Mn^{2+}、CO_3^{2-}、HCO_3^-、青霉素、链霉素、氯霉素、甘氨酸、丙氨酸和葡萄糖）存在时 AA-Cu NCs 的荧光强度，以评价 AA-Cu NCs 用于四环素测定的选择性。图 4-7 的结果表明，除四环素对 AA-Cu NCs 具有明显的荧光猝灭效应外，其他组分对其荧光强度基本没有影响。实验结果表明，该荧光探针对四环素的检测具有较高的选择性。

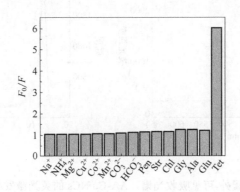

图 4-7　不同干扰物存在时 AA-Cu NCs 的 F_0/F 值

（F_0 和 F 分别代表不同检测物不存在和存在时 AA-Cu NCs 的荧光强度）

4.3.5　荧光猝灭机理

为了研究 AA-Cu NCs 的荧光猝灭机理，四环素的紫外-可见吸收光谱、AA-Cu NCs 的激发光谱和发射光谱被研究。如图 4-8（a）所示，四环素的紫外-可见吸收光谱在 300～400 nm 范围内出现吸收峰，与 AA-Cu NCs 的激发和发射光谱重叠。这一现象表明四环素诱导的猝灭机理可能是内滤效应或荧光共振能量转移[134,135,151]。为了进一步研究猝灭机理的性质，测试了四环素存在和不存在时 AA-Cu NCs 的荧光寿命。一般情况下，动态猝灭中猝灭剂加入前后团簇的荧光寿命差异较大，而静态猝灭中荧光寿命差异则很小。如图 4-8（b）所示，无论存在或者不存在四环素，其荧光寿命均为 1.88 ns。结果表明四环素诱导的猝灭可能是内滤效应引起的静态猝灭，进而也排除了荧光共振能量转移和动态猝灭的可能性[146-148]。

4.3.6　实际水样中四环素的检测

通过利用 AA-Cu NCs 检测实际水样中的四环素，来证明该探针的潜在应用，结果总结于表 4-1。观察发现，加入浓度与检测数值能够很好的吻合，回收率为 99.00% ～ 100.23%，相对标准偏差也较小。以上结果说明，所研制的传感器对实际水样分析具有良好的适用性。

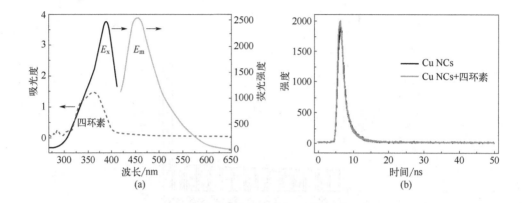

图 4-8　四环素的紫外-可见吸收光谱，AA-Cu NCs 的荧光激发和发射光谱（a）；
四环素存在和不存在时 AA-Cu NCs 的荧光寿命曲线（b）

表 4-1　实际水样中的回收率实验结果

样品	添加量/（μmol/L）	检测量/（μmol/L）			相对标准偏差/%	回收率/%
1	10.00	9.84	9.97	9.89	0.66	99.00
2	20.00	20.18	19.85	20.11	0.87	100.23
3	30.00	29.03	29.87	30.64	2.69	99.50

4.4　结论

综上所述，本章通过简单的一步法合成了水溶性的荧光 AA-Cu NCs。AA-Cu NCs 性质稳定，分散性好，荧光强度强。AA-Cu NCs 的荧光可以被四环素选择性地有效猝灭。F_0/F 值和四环素浓度在 0.9~70 μmol/L 和 80~150 μmol/L 两个范围内均有很好的线性关系。猝灭机理可能是静态猝灭和内滤效应。更重要的是，AA-Cu NCs 可以有效地检测环境水样中的四环素。本章中简单有效的方法将有助于开发便携、可靠的四环素检测荧光化学传感器。

第5章

鞣酸-铜纳米团簇在金霉素检测中的应用

5.1 引言

金霉素（CTC）作为一种高效的广谱抗生素，对多种病原体具有较强的抑制作用，被用于治疗多种感染性疾病。其也常被用作各种动物的兽药和饲料添加剂。然而，动物肉、奶、蛋和其他食品中高浓度的金霉素残留会严重威胁人体健康并引起一些疾病，如再生障碍性贫血和粒细胞缺乏症。此外，低浓度的金霉素残留也可诱导致病菌产生耐药性[163-166]。欧洲联盟和美国都明确禁止在动物源性产品中违规使用金霉素，并建立了严格的限量标准。例如，所有可食用动物的肌肉、肝脏和肾脏中金霉素的最大残留限量为分别 0.1、0.3、0.6 mg/kg。中国自 2020 年起全面禁止在饲料中添加抗生素等促生长类药物。为保障公众健康与食品安全，对金霉素进行严格的检测成为一项紧迫的任务。

迄今为止，一些技术手段被用于分析金霉素的浓度，如超高效液相色谱-紫外检测器联用[167]、拉曼光谱法[168]、酶联免疫吸附测定法[169]和微生物法[170]。尽管这些技术方法展示了优良灵敏度和准确性，但是存在所需设备昂贵且笨重，样品预处理和方法实施耗时等缺点[104,112,171]。因此，有必要进一步开发更加简便、快速、选择性和敏感性更佳的金霉素浓度检测技术。

近年来，荧光分析技术因其简便、高灵敏度和高选择性的特点引起了人们极大的兴趣[172-175]。而该方法的核心则是高性能荧光探针的制备[176,177]。荧光探针主要包括有机染料[178,179]、碳量子点[180,181]和金属纳米团簇[106-108]。例如，Zhang 等[182]以山楂为基础制备的氮掺杂碳点通过内滤作用成功用于金霉素检测。然而，苛刻的制备条件限制了量子点的广泛应用[183-185]。与量子点相比，金属纳米团簇因其独特的性质受到越来越多的关注，如水溶性好、荧光量子产率高、催化性能显著、生物相容性好、稳定性好。由于它们的低毒性和超小尺寸，金属纳米团簇已成为细胞成像、生物传感和催化领域其他材料的替代品[186-188]。因为金属纳米团簇的尺寸接近于电子的费米波长，金属纳米团簇具有尺寸可调节和优异的发光特性等性能[189,190]。其中，由于价格较低，铜纳米团簇逐渐取代了金纳米团簇和银纳米团簇。

金属纳米团簇可以通过电化学法[131]、化学还原法[71]和微波合成法[65]合成。作为金属纳米团簇的重要组成部分，保护剂可以通过在表面提供稳定层来实现增加金属纳米团簇稳定性和溶解度的目的。各种各样的金属纳米团簇可以通过使用保护剂的方式制得，可选用的保护剂包括表面活性剂、DNA、树状大分子、硫醇、蛋白质和其他一些小分子[191-195]。Wang 等[58]制备了牛血清白蛋白稳定的铜纳米团簇,并且在实际样品实现了过氧化氢的检测。Bai 等[106]开发了一种以叶酸为保护剂合成铜纳米团簇的简单制备策略,该团簇被成功应用于磺胺嘧啶钠的检测。Chai 等[114]建立了以 DNA 为模板剂的铜纳米团簇,在过氧化氢的检测中,检出限低至 0.5 μmol/L(S/N=3)。鞣酸(TA)含有大量的含氧官能团,经常被用作保护剂来合成铜纳米团簇。例如,Cang 等[196]开发了一种可用于亚硝酸盐和氰根离子双重检测的鞣酸-铜纳米团簇。Cao 等[127]制备了鞣酸-铜纳米团簇"关-开"型探针,用于检测 Eu^{3+} 和磷酸根离子。同时,鞣酸-铜纳米团簇也可被应用于铁离子检测与细胞成像[90]。尽管如此,关于鞣酸稳定的荧光铜纳米团簇用于药物检测的报道较少。此外,也很少有关于铜纳米团簇用于金霉素检测的报道。

因此,本章选择鞣酸作为保护剂,通过一步化学还原法制备了鞣酸-铜纳米团簇(TA-Cu NCs)。金霉素可以使 TA-Cu NCs 的荧光猝灭,具有蓝色荧光的 TA-Cu NCs 在金霉素检测中具有良好的选择性和灵敏度,在实际应用中获得了令人满意的回收率(图 5-1)。

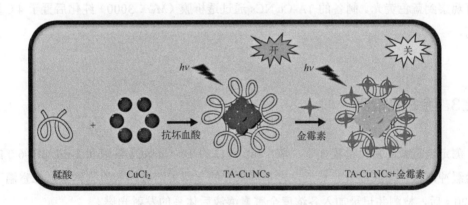

图 5-1　TA-Cu NCs 的简单制备以及在金霉素检测中的应用

5.2　研究思路与实验设计

5.2.1　实验材料

所有化合物均直接使用,无需进一步纯化。氯化铜($CuCl_2$,分析纯)、鞣酸(TA,

分析纯）和抗坏血酸（AA，>99.0%）均来自中国国药化学试剂有限公司。KCl、NaCl、CaCl$_2$、MgCl$_2$、FeCl$_3$、Na$_2$CO$_3$、NaHCO$_3$、甘氨酸（Gly）、半胱氨酸（Cys）、脯氨酸（Pro）、谷氨酸（Glu）、丙氨酸（Ala）、氨苄西林（AMP）、谷胱甘肽（GSH）、青霉素（PEN）、林可霉素（MY）、链霉素（STR）、氯霉素（CHL）、头孢氨苄（CN）和金霉素（CTC）均为分析纯，购自上海阿拉丁生化科技股份有限公司。

5.2.2　TA-Cu NCs 的合成

所有玻璃器皿均浸泡在王水溶液 [V(HCl)：V(HNO$_3$)=3：1] 中，并在室温下放置 24 h，同时用乙醇和超纯水多次洗涤。通过一锅法[127]合成 TA-Cu NCs。首先，将 200 μL 0.1 mol/L 的 CuCl$_2$ 溶液和 100 μL 0.001 mol/L 的鞣酸溶液滴入不停搅拌的 20 mL 水中。反应 5 min 后，取 500 μL 0.4 mol/L 的抗坏血酸溶液在 50℃下缓慢滴入上述溶液后继续反应 6 h，反应过程中溶液从无色转变为淡黄色。同时，在 ZF-7 型暗箱三用紫外分析仪下可观察到蓝色荧光。制备的 TA-Cu NCs 通过透析膜（M_W：3000）纯化后置于 4℃保存备用。

5.2.3　金霉素检测

测定金霉素的常用过程如下：取 1 mL 合成的 TA-Cu NCs 溶液和 1 mL pH=6.0 的磷酸盐缓冲溶液，彻底混合。然后，将不同浓度的金霉素溶液加入检测体系。在室温下反应 120 s 后，检测并记录加入各浓度金霉素溶液后体系的发射光谱。

为了研究鞣酸-铜纳米团簇对金霉素的荧光选择性，使用包括 K$^+$、Na$^+$、Ca^{2+}、Mg^{2+}、Fe^{3+}、Cl$^-$、CO$_3^{2-}$、HCO$_3^-$、Gly、Cys、Pro、Glu、Ala、AMP、PEN、MY、STR、CHL、GSH、CN 在内的一系列干扰物进行选择性试验。

5.2.4　实际样品中金霉素的检测

牛血清样品购于上海阿拉丁生化科技股份有限公司，离心去除较大颗粒。然后将牛血清样品用 pH=6.0 的磷酸盐缓冲液稀释 50 倍，接着用于制备不同浓度的金霉素。最后将金霉素标准溶液加入探针体系，检测并记录荧光光谱，计算回收率等参数。

5.3 结果与讨论

5.3.1 TA-Cu NCs 的表征

本章以鞣酸和抗坏血酸为模板剂和还原剂,采用"一锅法"策略制备了具有蓝色荧光的 TA-Cu NCs。对制备的 TA-Cu NCs 采用不同的技术手段表征其结构与性质。根据图 5-2(a)显示,TA-Cu NCs 的最大激发波长和最大发射波长分别为 365 nm 和 435 nm。溶液从鞣酸的无色[图 5-3(a)]变成 TA-Cu NCs 的淡黄色[图 5-3(b)]。通过 ZF-7 型暗箱三用紫外分析仪观察发现,鞣酸溶液没有任何荧光颜色[图 5-3(c)],TA-Cu NCs 溶液发出蓝色荧光[图 5-3(d)]。以硫酸奎宁为标准检测物质,测得 TA-Cu NCs 的量子产率为 9.8%,该数值与文献报道[197]一致。

通过 TEM 表征手段,研究了 TA-Cu NCs 的粒径、形貌和分散性。如图 5-2(b)所示,TA-Cu NCs 分散良好,无聚集现象。根据统计,TA-Cu NCs 的粒度分布范围为 1.2~2.5 nm,平均粒径约为 2.1 nm。

XPS 技术被用于分析铜的元素价态,如图 5-2(c)所示,铜的 XPS 谱图在 931.9 eV 和 952.4 eV 处出现两个特征峰,被认为归属于零价铜的 Cu $2p_{3/2}$ 和 Cu $2p_{1/2}$ 特征峰[198,199]。而 942.0 eV 处无峰出现说明 Cu^{2+} 被完全还原,体系中不存在 Cu^{2+}。随后,采用红外光谱技术研究该团簇的表面基团。如图 5-2(d)所示,3432.20 cm^{-1} 处的吸收峰来自 O—H 键,C—H 键的吸收峰位于 2963.32 cm^{-1} 处,1642.45 cm^{-1} 和 1150 cm^{-1} 的特征吸收峰表明 C=O 键和 C—O—C 键的存在。1580 cm^{-1} 和 1450 cm^{-1} 处的吸收峰可以认为是苯环的骨架振动,上述官能团的归属与文献报道一致[200,201]。红外光谱结果表明,TA-Cu NCs 表面已成功引入鞣酸。

接着,研究了 TA-Cu NCs 在不同条件下的稳定性。如图 5-4(a)所示,选择 4℃ 和室温为 TA-Cu NCs 的储存温度。5 个月后,TA-Cu NCs 的荧光强度在 4℃ 和室温下分别为 95% 和 90%。结果表明,TA-Cu NCs 具有良好的长时间储存稳定性,在 4℃ 下稳定性更好。NaCl 溶液浓度对 TA-Cu NCs 荧光强度的影响如图 5-4(b)所示,NaCl 溶液浓度的增加并没有导致 TA-Cu NCs 荧光强度的降低,在高离子环境中其荧光强度仍然稳定。图 5-4(c)展示了该团簇的光稳定性,TA-Cu NCs 在紫外光照 10 min 后,荧光强度没有明显的减弱。基于以上表征结果,TA-Cu NCs 被成功合成,并且具有优异的稳定性。

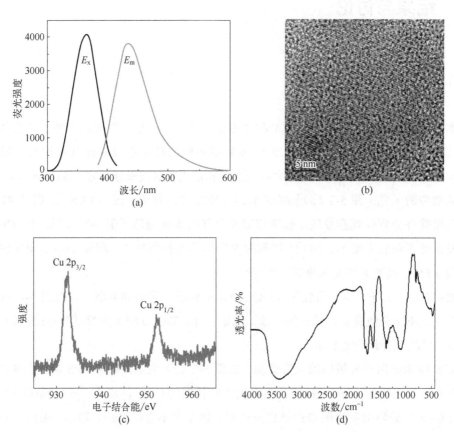

图 5-2　TA-Cu NCs 的荧光激发和发射光谱（a）；TA-Cu NCs 的 TEM 图像（b）；铜元素的 XPS 谱图（c）；TA-Cu NCs 的红外谱图（d）

图 5-3　鞣酸、TA-Cu NCs 溶液的颜色及荧光

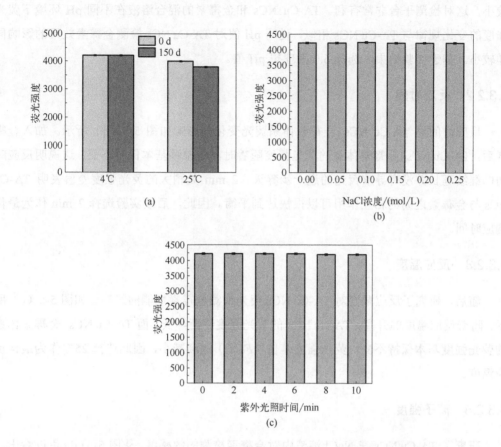

图 5-4 储存时间（a）、NaCl 浓度（b）和紫外光照时间（c）
对 TA-Cu NCs 稳定性的影响

5.3.2 最佳检测条件

检测条件是影响实验效果的重要因素。为了得到最佳的检测条件，考察了 pH 值、反应时间、反应温度、离子强度等因素对 TA-Cu NCs 检测金霉素的影响。

5.3.2.1 pH 值

在荧光检测领域，pH 值是一个非常重要的因素。本节研究了不同 pH 值条件下 TA-Cu NCs 对金霉素检测的灵敏度。如图 5-5（a）所示，在 pH 值为 6.0～8.0 的范围内，TA-Cu NCs 的荧光强度一直保持在最大值的 91% 以上，说明溶液的酸碱度对探针本身影响较小，这对检测平台非常有利。TA-Cu NCs 和金霉素的混合溶液在不同 pH 环境下荧光强度的变化规律与 TA-Cu NCs 相似，说明 pH 值对 TA-Cu NCs 检测金霉素效果的影响同样较小。基于实验结果，选择 6.0 为理想 pH 值。

5.3.2.2 反应时间

反应时间对 TA-Cu NCs+金霉素体系荧光变化的影响如图 5-5（b）所示。加入金霉素后，TA-Cu NCs+金霉素体系的荧光强度随着时间的推移基本保持不变。这说明反应时间的继续延长并没有导致荧光的进一步猝灭，2 min 处稍大的荧光强度差值表明 TA-Cu NCs 与金霉素之间的相互作用可以很快达到平衡。因此，后续实验选择 2 min 作为最优响应时间。

5.3.2.3 反应温度

随后，研究了反应温度对 TA-Cu NCs 荧光检测金霉素性能的影响。如图 5-5（c）所示，随着反应温度的升高，TA-Cu NCs 的荧光强度逐渐降低，而 TA-Cu NCs+金霉素体系的荧光强度基本保持不变，荧光强度差值（F_0-F）逐渐减小，因此选择 25℃作为最佳反应温度。

5.3.2.4 离子强度

研究了 TA-Cu NCs 在 NaCl 溶液中对金霉素检测的敏感度。从图 5-5（d）可以看出，即使 NaCl 浓度达到 0.25 mol/L，TA-Cu NCs 和 TA-Cu NCs+金霉素体系的荧光强度也没有明显降低，说明离子强度对检测效果的影响可以忽略不计。

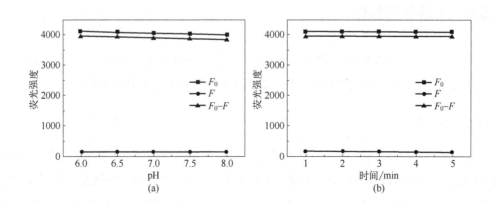

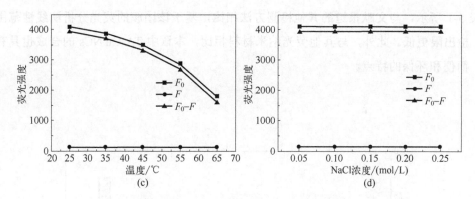

图 5-5 pH 值（a）、反应时间（b）、反应温度（c）和
NaCl 浓度（d）对 TA-Cu NCs 检测金霉素效果的影响

（F_0 和 F 分别代表金霉素加入前后 TA-Cu NCs 体系的荧光强度）

5.3.3 TA-Cu NCs 的选择性

在实际应用中，选择性是评价荧光探针性能的一个重要指标。为了探讨 TA-Cu NCs 测定金霉素时的选择性，向 TA-Cu NCs 溶液中分别加入 200 μmol/L 的 K^+、Na^+、Ca^{2+}、Mg^{2+}、Fe^{3+}、Cl^-、CO_3^{2-}、HCO_3^-、Gly、Cys、Pro、Glu、Ala、AMP、PEN、MY、STR、CHL、GSH 和 CN 等多种干扰物。首先，检测并记录了检测体系在干扰物存在下的荧光光谱，结果如图 5-6（a）所示。只有金霉素存在时，TA-Cu NCs 的荧光才会发生显著猝灭，而其他干扰物对其荧光强度基本没有影响。此外，TA-Cu NCs 和金霉素或其他干扰物的混合溶液的荧光照片如图 5-6（b）所示。其中，TA-Cu NCs+金霉素为无色，而其他溶液在紫外光下仍显示蓝色荧光。因此，一种水溶性的以 TA-Cu NCs 为基础的探针可以用于金霉素的高选择性测定。

5.3.4 TA-Cu NCs 检测金霉素的灵敏度

接下来，本节将在最佳检测条件下讨论 TA-Cu NCs 对金霉素检测的灵敏度。当 TA-Cu NCs 溶液中加入不同量的金霉素后，435 nm 附近的发射峰强度明显降低，相应的光谱见图 5-7（a），而且在紫外灯下，随着金霉素浓度的增加，溶液的颜色越来越浅。如图 5-7（b）所示，$\ln(F_0/F)$ 值与金霉素浓度在 0.5~200 μmol/L 范围内的呈现良好的线性，对应的线性方程为 $\ln(F_0/F)=0.017[CTC]+0.089$，$R^2=0.9943$，检出限为 0.084 μmol/L。

如表 5-1 所示，与文献报道的其他检测方法相比，基于该团簇的荧光分析法线性范围更宽，检出限更低。此外，与其他荧光纳米材料相比，本章中 TA-Cu NCs 的合成也具有快速、简便和环保的特点。

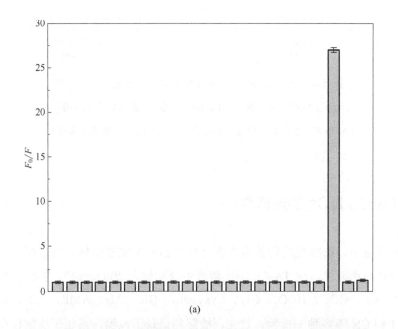

(a)

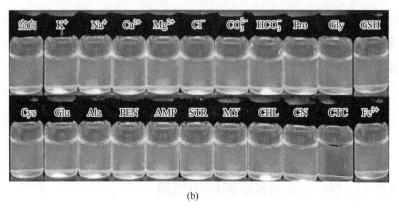

(b)

图 5-6　检测体系在不同干扰物和金霉素存在时的 F_0/F 值
（从左到右依次是：空白、K^+、Na^+、Ca^{2+}、Mg^{2+}、Cl^-、CO_3^{2-}、HCO_3^-、Pro、
Gly、Cys、Glu、Ala、PEN、AMP、STR、MY、CHL、CN、CTC、
GSH、Fe^{3+}）（a）和各体系在紫外灯下的照片（b）

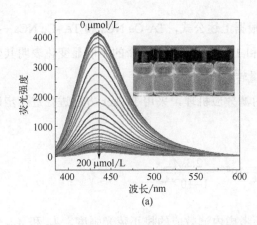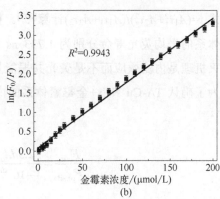

图 5-7 不同浓度金霉素存在时检测体系的荧光强度（插图：不同浓度金霉素存在时检测体系在紫外灯下的照片）（a）；$\ln(F_0/F)$ 值和金霉素浓度的线性关系（b）

表 5-1 金霉素检测不同方法之间的对照

方法	探针	制备条件	线性范围	检出限	参考文献
高效液相色谱-紫外检测器联用	—	—	1.3～2.0 mg/mL		[167]
拉曼光谱	—	—	0.01～1 mg/mL	0.01 mg/mL	[168]
荧光	N-CDs	180℃，5 h	0.42～20 μg/mL	0.073 μg/mL	[182]
荧光	N-CDs	190℃，10 h	5～100 μmol/L	0.254 μmol/L	[183]
荧光	Si-QDs	260℃，5 min，N_2	11.32～1086.2 nmol/L	0.92 nmol/L	[184]
荧光	3D MOFs	70℃，24 h		0.86 nmol/L	[185]
荧光	TA-Cu NCs	50℃，6 h	0.5～200 μmol/L	0.084 μmol/L	—

5.3.5 荧光猝灭机理

本节对 TA-Cu NCs+金霉素体系荧光猝灭机理进行了研究。如图 5-8（a）所示，金霉素的紫外-可见吸收光谱与 TA-Cu NCs 的荧光激发光谱有明显重叠，表明可以将荧光猝灭机理归因为内滤效应或荧光共振能量转移[202,203]。内滤效应不会导致探针和探针+检测物之间荧光寿命的显著差异，而荧光共振能量转移机理则相反[204]。接着，研究了 TA-Cu NCs 和 TA-Cu NCs+金霉素体系的荧光寿命，结果如图 5-8（b）所示。平均荧光寿命通

过公式 $\tau=(A_1\tau_1^2+A_2\tau_2^2)/(A_1\tau_1+A_2\tau_2)$ 计算[205]。根据上述公式,TA-Cu NCs 和 TA -Cu NCs +金霉素体系的平均荧光寿命分别为 1.733 ns 和 1.721 ns。荧光寿命的不明显变化表明其荧光猝灭机理是内滤效应而不是荧光共振能量转移[206]。

为了确认 TA-Cu NCs+金霉素体系的内滤效应机理,采用 Parker 方程进行进一步研究[207-209]。

$$\frac{F_{\text{cor}}}{F_{\text{obsd}}}=\frac{2.3dA_{\text{ex}}}{1-10^{-dA_{\text{ex}}}}10^{gA_{\text{em}}}\frac{2.3sA_{\text{em}}}{1-10^{-sA_{\text{em}}}}$$

式中,F_{obsd} 为实测荧光强度,F_{cor} 为不考虑内滤效应的校正荧光强度。A_{ex} 和 A_{em} 分别为 TA-Cu NCs+金霉素体系在 365 nm 和 435 nm 处的吸光度 [图 5-8(c)]。g 的值为

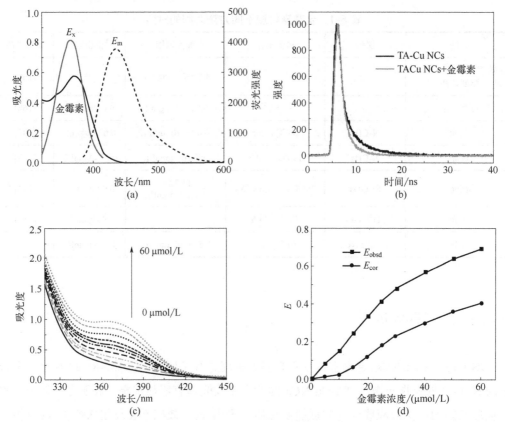

图 5-8 金霉素的紫外吸收光谱,TA-Cu NCs 的激发和发射光谱(a);TA-Cu NCs 在金霉素存在和不存在时的荧光寿命曲线(b);不同浓度金霉素存在时 TA-Cu NCs 的紫外吸收光谱(c);TA-Cu NCs 的荧光猝灭率和金霉素浓度关系图(d)

0.40 cm，表示激发束边缘到比色皿的距离；s 为激发束厚度（0.10 cm）；d 表示比色皿宽度（1.0 cm）。相关参数的计算结果如表 5-2 所示。从表 5-2 和图 5-8（d）可以看出，随着金霉素浓度的增加，F_{cor}/F_{obsd} 值和 E_{obsd} 值均增加，且 E_{obsd} 值大于 E_{cor} 值。以上实验结果表明，猝灭机理为内滤效应[210]。此外，荧光猝灭机理主要包括静态猝灭和动态猝灭，再加上 TA-Cu NCs 和 TA-Cu NCs+金霉素体系的荧光寿命差异不大，为了进一步验证猜想，本节还利用 Stern-Volmer 方程研究了荧光猝灭机理。

$$F_0/F=1+K_{SV}[Q]=1+K_q\tau_0[Q]$$

式中，F_0 和 F 分别为 TA-Cu NCs 和 TA-Cu NCs +金霉素体系的荧光强度，K_{SV} 为 Stern-Volmer 猝灭常数，$[Q]$ 为金霉素的浓度，τ_0 为 TA-Cu NCs 的荧光寿命（1.733 ns）。计算得到 K_{SV} 和 K_q 分别为 1.835×10^4 L/mol 和 1.059×10^{13} L/(mol·s)。K_q 值远大于最大散射碰撞猝灭常数 $[2\times10^{10}$ L/(mol·s)]，表明荧光猝灭机理为静态猝灭[142]。因此，TA-Cu NCs 的潜在荧光猝灭机理主要为内滤效应和静态猝灭。

表 5-2　用于计算 TA-Cu NCs+金霉素体系内滤效应的参数

金霉素浓度/(μmol/L)	A_{ex}（365 nm）	A_{em}（435 nm）	$\dfrac{F_{cor}}{F_{obsd}}$	E_{obsd}	E_{cor}
0.0	0.257	0.0476	1.39	0	0
5.0	0.329	0.0475	1.49	0.0827	0.0134
10.0	0.398	0.0497	1.60	0.154	0.0234
15.0	0.466	0.0503	1.71	0.244	0.0671
20.0	0.539	0.0527	1.84	0.335	0.119
25.0	0.597	0.0547	1.94	0.415	0.182
30.0	0.652	0.0553	2.04	0.477	0.232
40.0	0.758	0.0574	2.24	0.565	0.299
50.0	0.864	0.0622	2.45	0.638	0.361
60.0	0.971	0.0651	2.67	0.692	0.407

5.3.6　实际样品中金霉素的检测

为了考虑 TA-Cu NCs 在实际样品中应用的可能性，利用该团簇测定了牛血清样品中的金霉素含量。金霉素的标准加入量分别为 20、40 和 60 μmol/L，利用线性方程计算金霉素的检测浓度。如表 5-3 所示，实验得到了令人满意的回收率，为 94.4%～103.1%，相对标准偏差较低。实验数据有力地验证了以 TA-Cu NCs 为探针检测金霉素是一种准确的方法。

表 5-3　牛血清样品中金霉素回收试验结果

样品	加入量 /(μmol/L)	检测量 /(μmol/L)	回收率 /%	相对标准偏差 /%
牛血清	20	18.88	94.4	3.35
	40	41.24	103.1	2.92
	60	58.77	98.0	3.72

5.4　结论

综上所述，以 TA-Cu NCs 为基础的荧光探针被成功制得并应用于金霉素的高灵敏度和高选择性检测。金霉素诱导 TA-Cu NCs 荧光猝灭归因于内滤效应和静态猝灭机理。与其他荧光纳米材料相比，TA-Cu NCs 的合成方法快速、简便，并且基于 TA-Cu NCs 的荧光分析方法线性范围宽，检出限低。此外，基于 TA-Cu NCs 的荧光分析方法在实际样品中成功实现了金霉素的检测，回收率令人满意。基于这些特别的性质，我们坚信本章节为铜纳米团簇在药物检测领域中的应用开辟了新思路。

第6章

组氨酸-铜纳米团簇在多西环素检测中的应用

6.1 引言

作为一种常用的广谱抗生素，四环素类已广泛应用于革兰氏阳性菌和革兰氏阴性菌的治疗。作为一种代表性四环素类药物，多西环素具有保护神经、抗炎和抗抑郁的作用[25,26]。特别是在过去的几年里，多西环素在世界范围内被广泛用于治疗新型冠状病毒感染。然而，多西环素的过量使用会对人体健康产生不利影响。其最常见的副作用是细菌产生耐药性，从而影响疾病的后续治疗效果。此外，即使是医院和制药工业排放至环境中的微量多西环素也可能造成有害影响[27-30]。因此，准确检测多西环素的浓度是迫切需要的。

目前，已经建立了不同的多西环素测定技术，包括毛细管电泳法、液相色谱-质谱联用法、拉曼光谱法、液相色谱法和免疫分析法[211-216]。尽管上述技术具有良好的灵敏度和精度，但检测时间长、要求特殊、步骤复杂、设备昂贵、维护成本高等缺点限制了它们的应用[217,218]。与传统方法相比，荧光法具有灵敏、简便、无需复杂预处理等优点，成为上述方法的替代品[219,220]。在这种情况下，具有优异荧光特性的探针通常在实际检测中表现更好。

因此，不同种类的荧光探针如有机小分子、半导体量子点、碳量子点、金属有机骨架、金属纳米团簇等被广泛开发，并被用于分析真实样品中的金属离子、非金属离子和生物活性物质[221-225]。其中，有机小分子存在紫外光稳定性差、激发光谱窄、易漂白等缺点[226]。半导体量子点、碳量子点和金属有机骨架都存在固有的缺点，包括制备过程繁琐、过渡金属（Se、Cd、Pb、In、Te）可能产生毒性、条件严格以及环境污染[227,228]。而金属纳米团簇因其高生物相容性、低生物毒性、强荧光、超高稳定性、优异的水溶性和易于开发等优点被认为是一种很好的替代品[229,230]。此外，金属纳米团簇被证明是制造荧光化学探针和生物探针的强大平台，可用于各种分析检测[231,232]。以往的研究主要集中在金纳米团簇、银纳米团簇、铜纳米团簇和铂纳米团簇上。基于价格的考虑，再加上出色的物理、化学、电子和光学特性，铜纳米团簇在荧光检测中受到了极大的关注[233-235]。例如，Guo 等[236]设计了以胰蛋白酶为模板剂的铜纳米团簇，并以此为基础构建了用于黄芩素检测的荧光分析方法，通过荧光聚合猝灭效应，检出限达到 0.078 μmol/L。Singh 等[237]开发了一种牛血清白蛋白保护的铜纳米团簇，可用于 Fe^{3+} 的高效检测，检出限为 10 nmol/L。Li 的团队[238]制备了聚乙烯-铜纳米团簇，该探针被用于甲基转移酶活性的检测,线性范围较宽,为 1～300 U/mL。

然而,之前的研究并没有提到使用铜纳米团簇检测多西环素。受铜纳米团簇优良特性的启发,本章通过化学还原法开发了组氨酸(His)作为保护剂和抗坏血酸作为还原剂的铜纳米团簇(His-Cu NCs)。表征实验表明 His-Cu NCs 通过相互作用和提供活性官能团来识别多西环素。基于静态猝灭和内滤效应,多西环素导致 His-Cu NCs 的荧光强度减弱。以 His-Cu NCs 为基础的荧光分析法可有效地用于多西环素的选择性测定,而且灵敏度高,准确度好。这个新的 His-Cu NCs 模型首次被用于实际样品中多西环素的测定。图 6-1 总结了 His-Cu NCs 的简明反应过程和多西环素的检测原理。

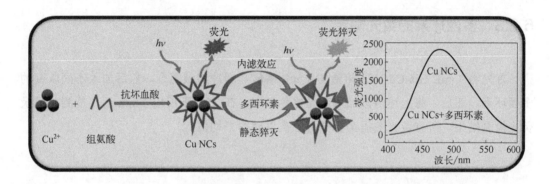

图 6-1 His-Cu NCs 的简明反应过程和多西环素的检测原理

6.2 研究思路与实验设计

6.2.1 实验试剂和实验材料

本章所用实验材料均为分析纯试剂,未经进一步加工直接使用、超纯水(18.2 MΩ·cm)是各种所需溶液的溶剂。NaCl、KCl、$CuCl_2 \cdot 2H_2O$、$ZnCl_2$、$MgCl_2 \cdot 6H_2O$、$CaCl_2 \cdot 2H_2O$、$NiCl_2 \cdot 6H_2O$、$NaH_2PO_4 \cdot H_2O$、$Na_2HPO_4 \cdot 12H_2O$、谷胱甘肽、多巴胺、半胱氨酸、同型半胱氨酸、蛋氨酸、酪氨酸、丝氨酸、丙氨酸、亮氨酸、异亮氨酸、缬氨酸和多西环素购自上海阿拉丁生化科技股份有限公司。

6.2.2　His-Cu NCs 的制备

将已报道的方法进行微小调整来合成 His-Cu NCs[239]。首先，将 0.1 mL 0.1 mol/L 的 $CuCl_2$ 溶液和 1 mL 0.1 mol/L 的抗坏血酸溶液在室温下加到 20 mL 0.1 mol/L 的组氨酸溶液中，并搅拌 10 min。然后，将得到的混合物在室温下超声处理 5 h。最后，无色的混合物变成了棕色，这说明 His-Cu NCs 已经生成。最后，将所得产物用透析膜（M_W: 2000）纯化，纯化后的 His-Cu NCs 置于 4℃保存，以备后续实验使用。

6.2.3　多西环素的荧光测定

首先将 1 mL His-Cu NCs 溶液与 1 mL 磷酸盐缓冲溶液混合，然后加入不同浓度的多西环素。随后，将上述溶液加入荧光比色皿中，在 25℃下反应 1 min 后，检测并记录荧光检测结果。所有荧光数据至少分析三次以获得平均值。

6.2.4　His-Cu NCs 的选择性测定

以 Na^+、K^+、Cu^{2+}、Zn^{2+}、Mg^{2+}、Ca^{2+}、Ni^{2+}、$H_2PO_4^-$、HPO_4^{2-}、谷胱甘肽、多巴胺、半胱氨酸、同型半胱氨酸、蛋氨酸、酪氨酸、丝氨酸、丙氨酸、亮氨酸、异亮氨酸、缬氨酸等物质作为干扰物，来验证 His-Cu NCs 是否能很好地区分多西环素和其他物质。每种对照物质的用量均为多西环素的 5 倍。

6.2.5　实际样品中多西环素的测定

牛血清样品从上海阿拉丁生化科技股份有限公司获得，牛奶从超市购买。将上述样品放入过滤膜中，然后用磷酸盐缓冲溶液稀释 10 倍，搅拌 5 min 后用于制备多西环素标准溶液，最后将不同浓度的标准溶液加入检测体系来进行回收率实验。

6.3 结果与讨论

6.3.1 His-Cu NCs 的形貌和结构表征

利用透射电镜对 His-Cu NCs 的形貌和微观结构进行了表征。在图 6-2 中，His-Cu NCs 分散良好，团簇直径主要集中在 5.0 nm。由于量子约束效应，这种不均匀的尺寸导致 His-Cu NCs 具有轻微的荧光激发依赖特征。

图 6-2 His-Cu NCs 的 TEM 图像

利用 XPS 技术研究了 His-Cu NCs 的表面化学键和化学组成。如图 6-3 所示，C、N、O 和 Cu 出现在 His-Cu NCs 的 XPS 谱图中。在图 6-3（a）C 1s 的单 XPS 光谱中，该峰被分解为三个峰，分别位于 284.6 eV、285.8 eV 和 288.4 eV 处，分别代表 C—C、C—N 和 O—C=O 键。图 6-3（b）显示，O 1s 得到 OH（531.0 eV）、C=O（531.8 eV）和 C—O（533.1 eV）三种结构。经拟合后，N 1s 具有 C—N 键（398.4 eV）和 N—H 键（400.4 eV），具体见图 6-3（c）。拟合后化学键归属与组氨酸的官能团一致，说明组氨酸被成功引入 His-Cu NCs。根据图 6-3（d）显示，Cu 2p 单谱显示 932.6 eV 和 952.4 eV 两个峰，分别

归属于的低价铜的 Cu $2p_{3/2}$ 和 Cu $2p_{1/2}$[47,48]，再加上 942.0 eV 附近无峰出现，说明 Cu^{2+} 被完全还原[54,77]。

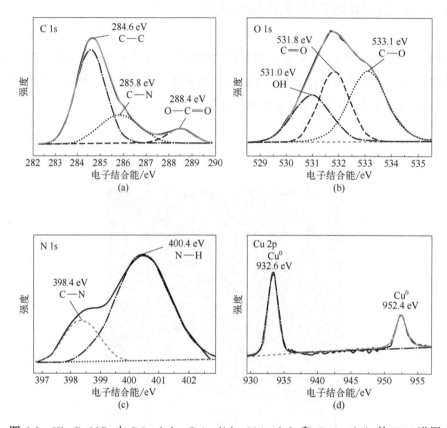

图 6-3 His-Cu NCs 中 C 1s（a）、O 1s（b）、N 1s（c）和 Cu 2p（d）的 XPS 谱图

6.3.2 His-Cu NCs 的光学性质

通过化学还原途径,以组氨酸为保护剂和抗坏血酸为还原剂,成功合成 His-Cu NCs。His-Cu NCs 的光学行为通过紫外-可见吸收光谱和荧光光谱研究。如图 6-4（a）所示，His-Cu NCs 的紫外光谱图在 300 nm 以下出现特征吸收峰，500～600 nm 之间没有吸收峰，说明 His-Cu NCs 颗粒的粒径较小[240]。根据荧光光谱可知，其最大激发波长为 393 nm，最大发射波长为 486 nm。在紫外光下，His-Cu NCs 溶液观察到少见的青色荧光，在可见光下变成暗棕色［图 6-4（a）］。图 6-4（b）则展示了激发波长对 His-Cu NCs 荧光光谱的影响。随着激

发波长从 370 nm 增加到 420 nm, His-Cu NCs 的最大发射波长变化不大。这种轻微的激发依赖性表明 His-Cu NCs 颗粒的尺寸分布狭窄, 与 TEM 结果一致。

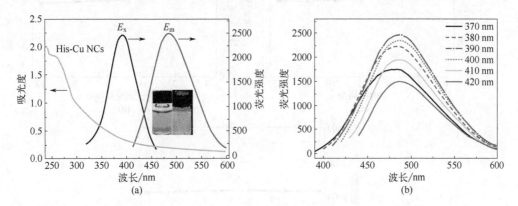

图 6-4　His-Cu NCs 的紫外-可见吸收光谱、荧光激发和发射光谱（a）[插图：日光下（左）和紫外光下（右）的团簇溶液]；不同激发波长对 His-Cu NCs 发射光谱的影响（b）

不同条件下 His-Cu NCs 的稳定性对检测性能起着重要的作用，图 6-5 分别展示了储存时间、紫外光照时间和 NaCl 浓度对 His-Cu NCs 荧光性质的影响。如图 6-5（a）所示，在 4℃下保存 30 天，His-Cu NCs 的荧光强度没有明显降低。图 6-5（b）显示了该团簇的光稳定性能表现，365 nm 紫外光照射 10 分钟后，His-Cu NCs 的荧光强度没有明显变化。图 6-5（c）展示了离子强度对 His-Cu NCs 荧光强度的影响，在所有 NaCl 浓度下，His-Cu NCs 的荧光强度一直很高。上述现象揭示了 His-Cu NCs 优异的稳定性和巨大的实际应用潜力。

6.3.3　His-Cu NCs 对多西环素的检测性能

为了实现 His-Cu NCs 对多西环素的灵敏分析，研究了不同 pH 值和反应时间对检测效果的影响。如图 6-6（a）所示，荧光猝灭效率随 pH 值的变化而改变。当 pH 值从 6 增加到 8 时，猝灭效率逐渐提高。考虑到在生物体内使用的可能，没有考察更高的 pH 值，选择 8 为最佳 pH 值。图 6-6（b）展示了反应时间对 His-Cu NCs 荧光猝灭效率的影响，发现 30 s 后反应时间对检测性能的影响不大。最后选择效果稍好一点的 60 s 为最佳反应时间。

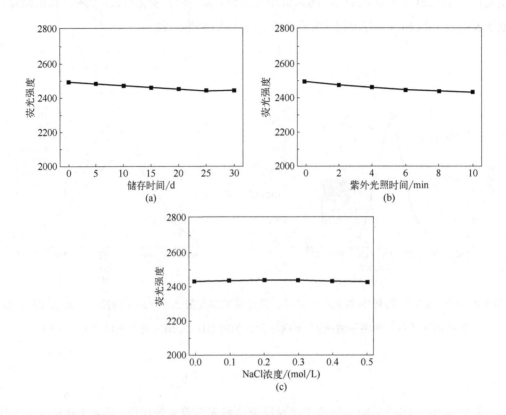

图 6-5　储存时间（a）、紫外光照时间（b）和 NaCl 浓度（c）对 His-Cu NCs 荧光性质的影响

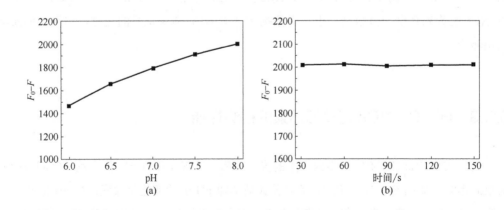

图 6-6　溶液 pH（a）和反应时间（b）对检测效果的影响

在优化后的检测条件下,将浓度为 0~200 μmol/L 的多西环素溶液加入检测体系中来评估其检测性能。图 6-7(a)的结果显示,多西环素的加入导致检测体系荧光强度降低,并且浓度越大,猝灭程度越大。更重要的是,$\ln(F_0/F)$ 值和多西环素浓度可以精确地拟合出线性关系,具体见图 6-7(a)和图 6-7(b),线性方程分别为 $\ln(F_0/F) = 0.01136[C]+0.01614$(0.5~100 μmol/L,$R^2=0.9988$),$\ln(F_0/F) = 0.0089[C]+0.2417$(100~200 μmol/L,$R^2=0.9993$),其中,$F_0$ 和 F 分别为不加多西环素和加多西环素时检测体系的荧光强度,检出限为 0.092 μmol/L。根据文献报道,表 6-1 总结了用于多西环素检测的不同探针的表现。经过对比发现,本章制备的 His-Cu NCs 在多西环素的检测中表现出更宽的线性范围或更小的检出限。因此,这里引入的纳米探针具有足够的灵敏度来测量多西环素浓度。

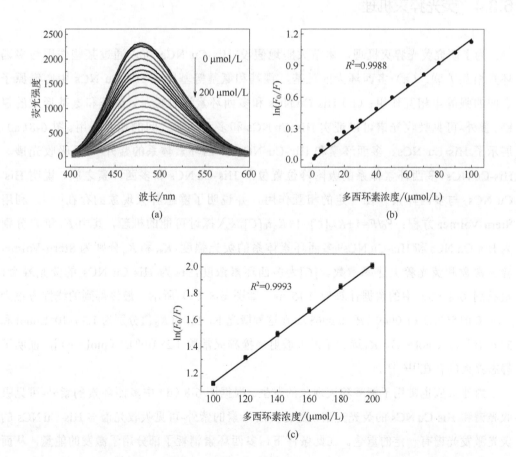

图 6-7 不同多西环素浓度下检测体系的荧光谱图(a);$\ln(F_0/F)$ 值和多西环素浓度在 0.5~100 μmol/L(b)和 100~200 μmol/L(c)范围内的线性拟合曲线

表 6-1 用于多西环素检测的探针性能比较

探针	线性范围/(μmol/L)	检出限	参考文献
N-CQDs	3.72～33.40	0.25 μmol/L	[25]
S dots/Ca^{2+}	5～125	1.2 μmol/L	[26]
En-In-BTEC	0～6	0.25 μmol/L	[27]
AOT-Ag NPs	0.1～140	0.2 μmol/L	[28]
BSA-Cu NCs@L-His	0.05～14.0	6.4 nmol/L	[29]
His-Cu NCs	0.5～100, 100～200	0.092 μmol/L	—

6.3.4 荧光猝灭机理

为了研究荧光猝灭机理，本节大胆地假设 His-Cu NCs 可以通过某些作用与多西环素相互关联：(a) 多西环素的羟基、羧基和氨基等基团与 His-Cu NCs 中心铜原子之间的强静电相互作用；(b) His-Cu NCs 和多西环素通过羟基、羧基和氨基形成的氢键。紫外-可见吸收光谱可以证实 His-Cu NCs 和多西环素之间的相互作用。图 6-8(a) 展示了 His-Cu NCs、多西环素和 His-Cu NCs+多西环素体系的紫外-可见吸收光谱。His-Cu NCs+多西环素体系的吸附峰位置位于 His-Cu NCs 和多西环素之间，说明 His-Cu NCs 与多西环素存在一定的相互作用，并说明了静态猝灭现象的存在[241]。利用 Stern-Volmer 方程：$F_0/F=1+K_{sv}[C]=1+K_q\tau_0[C]$ 深入探讨可能的机理，其中 F_0 和 F 分别为 His-Cu NCs 和 His-Cu NCs+多西环素体系的荧光强度。K_{sv} 和 K_q 分别为 Stern-Volmer 猝灭常数和荧光猝灭速率常数。$[C]$ 为多西环素浓度，τ_0 为 His-Cu NCs 的荧光寿命，根据图 6-8(b) 中的数据计算为 4.15 ns。如图 6-8(c) 所示，最终得到的线性方程为 $F_0/F=0.01557[C]+1.0049$（$R^2=0.9968$）。在这种情况下，K_{sv} 和 K_q 值分别为 1.56×10^4 L/mol 和 3.76×10^{12} L/(mol·s)。K_q 远大于最大散射碰撞猝灭常数 $[2\times10^{10}$ L/(mol·s)]，证明了静态猝灭的存在[112,113]。

内滤效应也常用于解释猝灭现象的发生。根据图 6-8(d) 中多西环素的紫外-可见吸收光谱和 His-Cu NCs 的荧光光谱，发现多西环素的紫外-可见吸收光谱与 His-Cu NCs 的荧光激发光谱有一定的重叠。在此条件下，多西环素消耗了部分用于激发的能量，从而导致 His-Cu NCs 的荧光猝灭，也说明了内滤效应的出现[54,55]。

为了确定内滤效应的贡献，使用 Parker 方程[242,243]计算：

$$\frac{F_{\text{cor}}}{F_{\text{obsd}}} = \frac{2.3dA_{\text{ex}}}{1-10^{-dA_{\text{ex}}}} 10^{gA_{\text{em}}} \frac{2.3sA_{\text{em}}}{1-10^{-sA_{\text{em}}}}$$

式中，F_{obsd} 表示观察到的荧光强度；F_{cor} 为不考虑内滤效应的荧光强度；A_{ex} 和 A_{em} 分别为图 6-8（e）中 His-Cu NCs+多西环素混合物在 393 nm 和 486 nm 处的吸光度；S 为激发束厚度，0.1 cm；g 为激发束边缘到比色皿的距离，0.4 cm；d 为比色皿的宽度，1 cm。随着多西环素浓度从 0 μmol/L 增加到 60 μmol/L，表 6-2 中的 $F_{\text{cor}}/F_{\text{obsd}}$ 值和图 6-8（f）中的荧光猝灭率逐渐增加。E_{cor} 和 E_{obsd} 之间差异的增加说明多西环素的增多会导致内滤效应的增强。两种猝灭效率之间的小差距意味着内滤效应确实在荧光猝灭中发挥了作用，但贡献较小[58,59]。基于以上讨论，认为静态猝灭和内滤效应可能是检测体系荧光猝灭的原因。

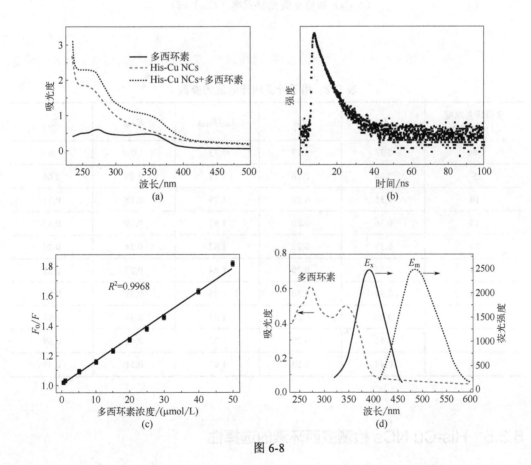

图 6-8

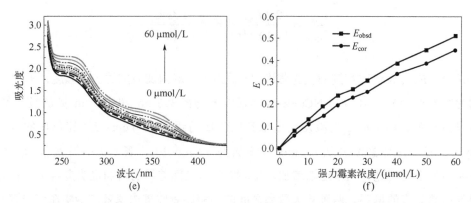

图 6-8 多西环素、His-Cu NCs 和 His-Cu NCs+多西环素体系的紫外-可见吸收光谱（a）；His-Cu NCs 的荧光衰减曲线（b）；F_0/F 值和多西环素浓度的线性关系（c）；多西环素的紫外-可见吸收光谱、His-Cu NCs 的荧光激发和发射光谱（d）；含有不同浓度多西环素的检测体系的紫外-可见吸收光谱（e）；含有不同浓度多西环素的检测体系的实测荧光猝灭率（E_{obsd}）和修正荧光猝灭率（E_{cor}）（f）

表 6-2 用于计算内滤效应的参数

多西环素浓度/（μmol/L）	A_{ex}	A_{em}	F_{cor}/F_{obsd}	E_{obsd}	E_{cor}
0	0.33	0.19	1.73	0	0
5	0.34	0.20	1.77	0.08	0.06
10	0.35	0.20	1.79	0.13	0.11
15	0.36	0.20	1.81	0.19	0.15
20	0.37	0.20	1.82	0.24	0.20
25	0.38	0.20	1.84	0.27	0.23
30	0.39	0.20	1.86	0.31	0.26
40	0.40	0.20	1.88	0.39	0.34
50	0.42	0.20	1.92	0.45	0.39
60	0.44	0.20	1.95	0.51	0.45

6.3.5 His-Cu NCs 检测多西环素的选择性

为了评估 His-Cu NCs 对多西环素测定的选择性，研究了潜在干扰化合物对 His-Cu NCs

荧光强度的影响。从图 6-9 中可以看出，尽管干扰物质浓度是多西环素的 5 倍，但是它们的加入并没有导致荧光强度的明显变化。结果表明，该探针对于多西环素检测具有良好的选择性。当干扰物与多西环素共存时，猝灭现象依然明显，说明该检测体系具有良好的抗干扰性。而 His-Cu NCs 表现出如此优良的选择性可能归因于多西环素具有比其他化合物更多的活性官能团（如—C=O、—OH 和—NH$_2$），这增加了多西环素与其他物质相互作用的机会。

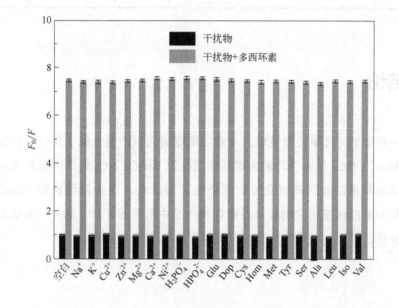

图 6-9　干扰物单独存在和干扰物-多西环素共存时检测体系的荧光响应

（F_0 和 F 分别代表干扰物不存在和存在时检测体系的荧光强度）

6.3.6　实际样品中多西环素的检测

为评价该检测体系的实际适用性，将不同浓度的标准多西环素溶液加入牛血清和牛奶样品中，最终浓度为 20、40、60 μmol/L。从表 6-3 可以看出，随着浓度的增加，回收率从 96.50%变化到 101.08%，相对标准偏差值均小于 2.83%，表明该平台具有良好的重复性和准确性。因为灵敏度好、操作方便、价格低、省时、测量方便等一系列明显优势，该探针为相关食品和药品样品中多西环素的快速测定提供良好的选择。

表 6-3 实际样品中多西环素检测的回收率实验

样品	加入量 /（μmol/L）	检测量 /（μmol/L）			相对标准偏差 /%	回收率 /%
牛血清	20.00	19.45	19.63	20.36	1.99	99.07
	40.00	38.73	39.69	40.23	1.57	98.88
	60.00	58.13	58.65	61.35	2.38	98.96
牛奶	20.00	19.11	19.25	19.54	0.93	96.50
	40.00	38.65	39.27	41.02	2.53	99.12
	60.00	58.31	61.25	62.39	2.83	101.08

6.4　结论

根据一种简单的化学还原策略，本章以组氨酸为保护剂合成了具有青色荧光的 His-Cu NCs。His-Cu NCs 与多西环素的相互作用导致 His-Cu NCs 的荧光被猝灭。所制备的传感器对多西环素的检测具有良好的选择性和准确性。这些发现表明 His-Cu NCs 可以作为一种有效的传感器来测量血清和药物样品中的多西环素。此外，本章研究也为开发简便、廉价、环保、高效的荧光探针提供了一条有利的途径。

第7章

谷胱甘肽-铜纳米团簇在呋喃西林检测中的应用

7.1 引言

呋喃西林对多种革兰氏阳性菌和革兰氏阴性菌都具有抗菌活性[31-33]。呋喃西林可用于治疗化脓性中耳炎、化脓性皮炎、急慢性鼻炎、烧伤和溃疡[34,35]。然而，过量摄入呋喃西林会产生一些副作用。因此，准确检测呋喃西林的浓度在临床诊断和健康监测中具有重要意义。根据以往的报道，呋喃西林的检测方法多种多样，其中，表面增强拉曼光谱法、电化学法、发光法和荧光法是常用的方法[244-247]。在上述检测方法中，荧光分析法以其消耗低、选择性高、灵敏度高、操作简便等优点被认为是检测呋喃西林的有力工具[172-175]。对于荧光分析法，选择合适的探针对提高检测性能至关重要。

近年来，金属纳米团簇作为一种典型的荧光纳米材料，因其优越的稳定性和光学性能而备受关注[106-109]。以往的研究主要集中在金和银纳米团簇上。与其他金属纳米团簇相比，原料易得、成本低廉和毒性低的特性促使了铜纳米团簇的巨大发展。因此，铜纳米团簇在化学检测领域得到了广泛的研究和成功的应用。鉴于其优异的性能，人们采用了多种配体来制备铜纳米团簇[43-45]。

根据相关研究，蛋白质中的氨基、羧基和巯基可以起到很好的稳定和保护的作用。作为代表性蛋白质，谷胱甘肽（GSH）稳定的金属纳米团簇被成功制备并应用于检测领域。Chen 等[248]发现谷胱甘肽保护的金纳米团簇通过聚集诱导荧光猝灭机理被用于检测 Cu^{2+}。Zhou 等[249]成功地合成了谷胱甘肽包覆的银纳米团簇，并证明该探针可以实现 S^{2-} 高灵敏度和选择性检测。考虑到上述事实和铜纳米团簇的优异性能，构建谷胱甘肽稳定的铜纳米团簇（GSH-Cu NCs）在荧光传感领域具有广阔的应用前景。

根据以往的研究，铜纳米团簇用于呋喃西林检测的研究数量很少。考虑到呋喃西林检测的必要性和铜纳米团簇优越的荧光特性，采用简易法合成铜纳米团簇并将其用于呋喃西林的荧光检测具有重要意义。本章采用荧光光谱、紫外-可见吸收光谱和瞬态稳态荧光光谱技术对制备的 GSH-Cu NCs 的光学性质进行了表征；通过傅里叶变换红外光谱（FT-IR）、X 射线光电子能谱（XPS）和透射电子显微镜（TEM）分析其结构和形貌。基于呋喃西林对 GSH-Cu NCs 荧光的猝灭作用，GSH-Cu NCs 被证明对呋喃西林的检测具有高灵敏度和高选择性。此外，牛血清样品中的回收率实验也获得了令人满意的结果。图 7-1 给出了 GSH-Cu NCs 探针的简要合成过程以及呋喃西林检测机理。

第 7 章 谷胱甘肽-铜纳米团簇在呋喃西林检测中的应用

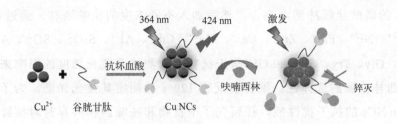

图 7-1 GSH-Cu NCs 的简要合成过程及呋喃西林检测机理

7.2 研究思路与实验设计

7.2.1 化学试剂

所用试剂为分析纯试剂，购自上海阿拉丁生化科技股份有限公司，包括氯化铜（$CuCl_2$）、氯化钾（KCl）、氯化锰（$MnCl_2$）、氯化汞（$HgCl_2$）、氯化镍（$NiCl_2$）、氯化铅（$PbCl_2$）、氯化锌（$ZnCl_2$）、氯化钙（$CaCl_2$）、氯化镁（$MgCl_2$）、氯化镉（$CdCl_2$）、氯化铝（$AlCl_3$）、硫代硫酸钠（$Na_2S_2O_3$）、亚硫酸钠（Na_2SO_3）、乙酸钠（NaAc）、赖氨酸（Lys）、苯丙氨酸（PHE）、酪氨酸（Tyr）、甘氨酸（Gly）、色氨酸（Try）、谷胱甘肽（GSH）、葡萄糖（Glu）和呋喃西林（Nit）。

7.2.2 GSH-Cu NCs 的制备

本章在已有研究工作[132]基础上合成了谷胱甘肽包覆的铜纳米团簇。首先，将 125 μL 0.05 mol/L $CuCl_2$ 溶液与 40 mL 0.21 mmol/L 的谷胱甘肽溶液混合，连续搅拌 5 min。然后滴加 0.9 mL 0.1 mol/L 的抗坏血酸溶液，65℃下反应 4 h。紫外光下溶液发出蓝色荧光表明这种方法成功合成了 GSH-Cu NCs。之后，将 GSH-Cu NCs 在室温下用透析膜（M_w: 1000）纯化 2 天，最终的溶液保存于 4℃，待后续使用。

7.2.3 呋喃西林的荧光检测

为考察 GSH-Cu NCs 检测呋喃西林的灵敏度，先将等体积的 GSH-Cu NCs 溶液与 pH=6.0 的磷酸盐缓冲溶液混合，然后加入不同浓度的呋喃西林。通过考察 K^+、Mn^{2+}、Hg^{2+}、Ni^{2+}、Pb^{2+}、Zn^{2+}、Ca^{2+}、Mg^{2+}、Cd^{2+}、Al^{3+}、$S_2O_3^{2-}$、SO_3^{2-}、Ac^-、Lys、PHE、Tyr、Gly、Try、GSH 和 Glu 等干扰物对检测体系荧光强度的影响来确定该探针对呋喃西林检测的选择性。混合物反应 120 s 后测定其荧光光谱。为了进一步证实 GSH-Cu NCs 的抗干扰性能，还研究了干扰物和呋喃西林共存时对探针荧光性质的影响。

7.2.4 牛血清中呋喃西林的检测

回收率实验开始前，先使用磷酸盐缓冲溶液稀释牛血清。在探针中加入三种不同浓度的呋喃西林以验证 GSH-Cu NCs 用于呋喃西林检测的实用性，呋喃西林的最终添加浓度为 10、30 和 50 μmol/L。回收率通过检测量与加入量的比值得到。

7.3 结果与讨论

7.3.1 GSH-Cu NCs 的表征

不同的表征结果被系统分析来验证是否可以通过该方法成功合成 GSH-Cu NCs。如图 7-2（a）显示，GSH-Cu NCs 在 364 nm 和 424 nm 处显示出最强的激发峰和发射峰。GSH-Cu NCs 在阳光下为无色透明溶液，在 365 nm 紫外光下发出深蓝色荧光 [图 7-2（a）]。GSH-Cu NCs 的紫外-可见吸收光谱也如图 7-2（a）所示，GSH-Cu NCs 只在小于 300 nm 处出现了一个吸收峰，在长波段范围内没有吸收峰可能主要是因为没有大尺寸的铜纳米颗粒[128,129]。另外，图 7-2（b）展示了激发波长对 GSH-Cu NCs 荧光性质的影响，发现在激发波长从 340 nm 增加到 380 nm 的过程中，发射峰的位置变化不大。这一现象说明该探针未出现激发依赖性，而该现象的原因可能来自铜纳米团簇的均匀尺寸[250]，TEM 结果可以有力地验证这一结果。从图 7-2（c）可以看出，GSH-Cu NCs 颗粒分散均匀，粒径分布窄。图 7-2（d）则显示了 GSH-Cu NCs 的红外光谱，1591 cm^{-1}、1636 cm^{-1} 和 1498 cm^{-1} 处出现的吸收峰分别归属于 COO—、酰胺Ⅰ，N—H 变形和酰胺Ⅱ，C=O 拉伸振动的特征峰[251,252]。而 2526 cm^{-1} 附近—SH 伸缩振动特征峰的消失，表明配体与铜纳米团簇通过 Cu—S 键产生相互作用[128,133]。

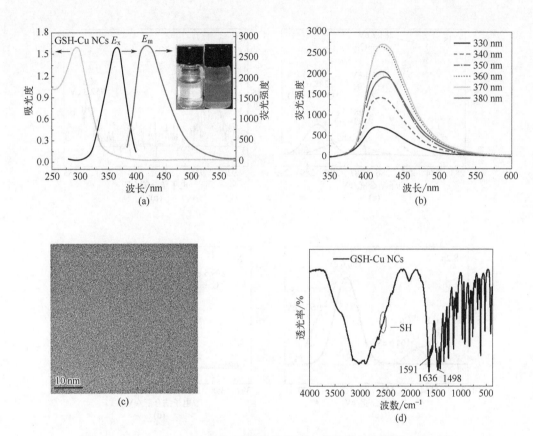

图 7-2　GSH-Cu NCs 的紫外-可见吸收光谱、荧光激发和发射光谱（a）；
不同激发波长下 GSH-Cu NCs 的发射光谱（b）；GSH-Cu NCs 的 TEM
图像（c）；GSH-Cu NCs 的红外光谱图（d）

通过 XPS 结果研究了 GSH-Cu NCs 中各元素的化学状态。图 7-3 对 S 2p、C 1s、N 1s 和 Cu 2p 四个峰进行了拟合处理，并对结果进行了系统的分析。图 7-3（a）可以看到，C 1s 谱图存在四个峰，分别位于 284.7 eV（C—C）、286.1 eV（C—N）、287.5 eV（C=O）和 288.6 eV（O—C=O）。图 7-3（b）中 932.5 eV 和 952.3 eV 处的峰归属于低价铜，表明 Cu^{2+} 被完全还原。而图 7-3（c）中 S 2p 谱图则被拟合成 S—Cu（163.4 eV，164.6 eV）和 C—S（168.0 eV，169.2 eV）两种结构，表明 GSH-Cu NCs 存在 Cu—S 键。最后图 7-3（d）中 N 1s 显示出 C—N（399.5 eV）和 N—H（401.3 eV）的结构[77,132]。这

些结果与红外光谱分析得出的结构相吻合。

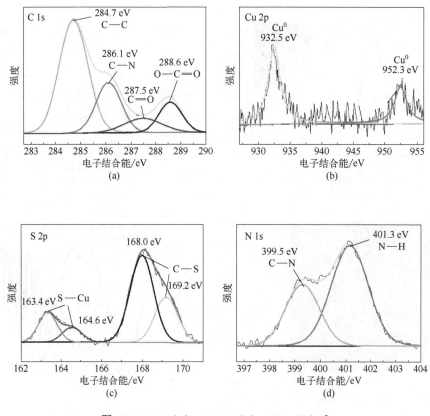

图 7-3　C 1s（a）、Cu 2p（b）、S 2p（c）和
N 1s（d）的 XPS 谱图

正如上述讨论的那样，在水溶液中用抗坏血酸还原铜盐并用谷胱甘肽进行保护，可以很容易地合成 GSH-Cu NCs。此外，安全的合成工艺和试剂保证了 GSH-Cu NCs 的环境友好性和低毒性。

7.3.2　GSH-Cu NCs 的稳定性

为了了解 GSH-Cu NCs 是否可以在不同的环境中使用，本章研究了一些条件对 GSH-

Cu NCs 荧光性质的影响。图 7-4（a）展示了储存时间的影响，发现在 4℃下连续保存 30 d 后，GSH-Cu NCs 的荧光强度略有下降，说明该探针具有较好的长时间存储稳定性。图 7-4（b）为紫外光照时间的影响，连续照射 10 分钟后，GSH-Cu NCs 荧光强度略有下降。该结果说明，GSH-Cu NCs 具有良好的光稳定性。图 7-4（c）则展示了离子强度的影响，NaCl 浓度从 0 增加到 0.5 mol/L 并没有引起荧光强度的明显下降。综上所述，GSH-Cu NCs 具有优异的稳定性，有很大的可能性能够在实际中应用。

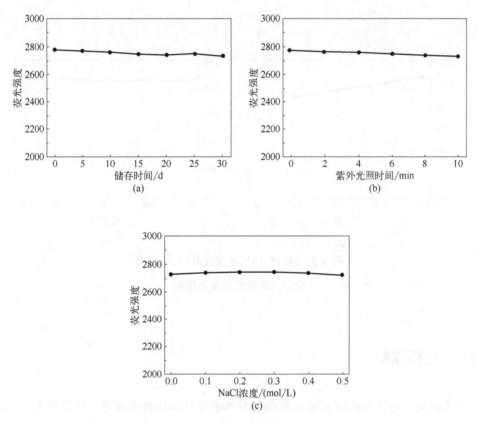

图 7-4　储存时间（a）、紫外光照时间（b）、NaCl 浓度（c）
对 GSH-Cu NCs 荧光强度的影响

7.3.3　检测条件优化

本章考察了反应时间和 pH 对呋喃西林浓度定量分析的影响，以获得最佳检测条件。选用 ΔF 值作为评价标准，ΔF 表示 GSH-Cu NCs（F_0）和 GSH-Cu NCs+呋喃西林体系（F）荧光强度的差值（F_0-F）。采用具有不同 pH 值的磷酸盐缓冲溶液考察 pH 值的影响。如图 7-5（a）所示，当 pH 值从 6.0 变化到 8.0 时，ΔF 值在减小，说明 pH 为 6.0 是检测呋喃西林的最佳选择。考虑到生物体内的实际环境，较小的 pH 值不再进一步检测。图 7-5（b）展示了反应时间的影响，30 s 后 ΔF 值变化不大，说明该检测反应可以快速达到平衡。120 s 时的 ΔF 值略大于其他值，说明应在 120 s 时记录荧光光谱。

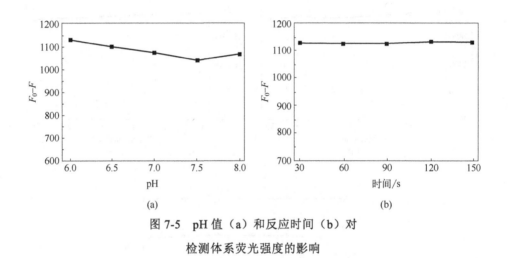

图 7-5　pH 值（a）和反应时间（b）对检测体系荧光强度的影响

7.3.4　分析性能

通过检测并记录 GSH-Cu NCs+呋喃西林体系随呋喃西林浓度增大的发射光谱，研究了该探针对于呋喃西林检测的灵敏度。在图 7-6（a）中，GSH-Cu NCs 的荧光强度随着呋喃西林浓度的增加而逐渐降低。根据图 7-6（b）显示，$\ln(F_0/F)$ 值与呋喃西林浓度在 0.5~100 μmol/L 范围内呈现良好的线性关系，回归方程为 $\ln(F_0/F)=0.0232[C]+0.0435$（$R^2=0.9985$），其中[$C$]为呋喃西林浓度（μmol/L），检出限为 0.075 μmol/L。与表 7-1 中其他检测呋喃西林的方法相比，该荧光探针在线性范围或检出限方面都具有优势。结果表明，GSH-Cu NCs 能够实现呋喃西林的高灵敏度检测。

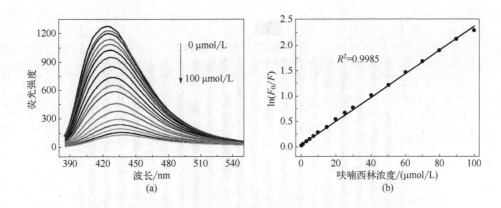

图 7-6 GSH-Cu NCs+呋喃西林体系随呋喃西林浓度增大的发射光谱
（0、0.5、1、3、5、7、10、15、20、25、30、40、50、60、70、80、90、100 µmol/L）（a）；
ln（F_0/F）值和呋喃西林浓度的线性关系（b）

表 7-1 呋喃西林检测方法的性能比较

方法	探针	线性范围	检出限	参考文献
表面增强拉曼光谱	AuNPs/γ-Al$_2$O$_3$	3.3~667.0 nmol/L	0.37 nmol/L	[244]
电化学	[Ru-PMo$_{12}$/PDDS-GO]$_3$	2~350 µmol/L	0.090 µmol/L	[245]
发光	2D Zn^{2+} coordination polymer	—	5.65 µmol/L	[246]
荧光	Ag$_2$S QD/g-C$_3$N$_4$	0~30 µmol/L	0.054 µmol/L	[247]
荧光	GSH-Cu NCs	0.5~100 µmol/L	0.075 µmol/L	—

7.3.5 选择性研究

选择浓度为 100 µmol/L 的 K^+、Mn^{2+}、Hg^{2+}、Ni^{2+}、Pb^{2+}、Zn^{2+}、Ca^{2+}、Mg^{2+}、Cd^{2+}、Al^{3+}、$S_2O_3^{2-}$、SO_3^{2-}、Ac^-、Lys、PHE、Tyr、Gly、Try、GSH 和 Glu 作为干扰物来考察 GSH-Cu NCs 对于呋喃西林检测的选择性。如图 7-7 所示，只有呋喃西林会导致检测体系荧光的显著猝灭，而其他干扰物的影响可以忽略不计。此外，本章还研究了呋喃西林与干扰物共存的竞争试验，混合体系的荧光猝灭情况与仅有呋喃西林时相似。上述结果表明 GSH-Cu NCs 对呋喃西林的检测具有较好的选择性和抗干扰性。

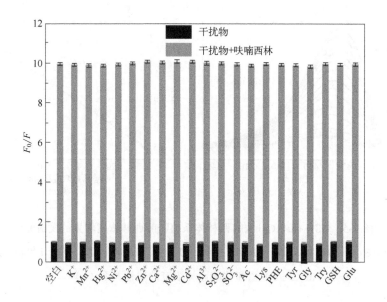

图 7-7 仅存在干扰物和呋喃西林-干扰物共存时 GSH-Cu NCs 的荧光响应
（F_0 和 F 分别代表不存在和存在干扰物时 GSH-Cu NCs 的荧光强度）

7.3.6 荧光猝灭机理研究

荧光猝灭机理的研究对后续的应用和理论研究均具有重要意义。在图 7-8（a）中，系统地展示了 GSH-Cu NCs、呋喃西林以及二者混合体系的紫外-可见吸收光谱。与呋喃西林相比，混合体系中 265 nm 处的吸收峰消失。这种现象是由 GSH-Cu NCs 与呋喃西林间的相互作用导致的，而该作用同时也导致了静态猝灭的产生[241]。接着，研究了呋喃西林存在与否对 GSH-Cu NCs 荧光寿命的影响，进一步验证静态猝灭的可能性。由图 7-8（b）可知，GSH-Cu NCs 和 GSH-Cu NCs+呋喃西林体系的荧光寿命分别为 1.95 ns 和 2.00 ns。这种荧光寿命的轻微波动排除了荧光共振能量转移和动态猝灭的可能性，而进一步确定了静态猝灭的重要地位[146-148]。

一些其他的表征结果同样被讨论，以确认猝灭机理。GSH-Cu NCs 和呋喃西林的光学性质被仔细分析和研究。如图 7-8（c）所示，呋喃西林的紫外-可见吸收峰与 GSH-Cu NCs 的荧光激发峰和发射峰出现重叠。该结果充分说明了内滤效应的可能性，因为在这种情况下，部分发射和激发光谱的能量会被呋喃西林吸收，从而造成荧光强度的降低[134,135]。

为了进一步验证内滤效应的贡献，借助 Parker 方程对一些参数进行了详细的研究[207-209]：

$$\frac{F_{cor}}{F_{obsd}} = \frac{2.3dA_{ex}}{1-10^{-dA_{ex}}}10^{gA_{em}}\frac{2.3sA_{em}}{1-10^{-sA_{em}}}$$

式中，F_{obsd} 为检测到的荧光强度；F_{cor} 为去掉内滤效应后的荧光强度；图 7-8（d）中，A_{ex} 和 A_{em} 分别为 GSH-Cu NCs+呋喃西林体系在 0～50 μmol/L 范围内 364 nm 和 424 nm 处的吸光度；s 为激发束厚度，0.1 cm；g 为激发束边缘到比色皿的距离，0.4 cm；d 为比色皿宽度，1 cm。如表 7-2 和图 7-8（e）所示，F_{cor}/F_{obsd} 值和荧光猝灭率随呋喃西林浓度的增加而增大（0～50 μmol/L）。此外，在相同浓度下，E_{obsd} 中 E_{cor} 的比例小于一半，表明内滤效应在荧光猝灭中起主要作用。另外，内滤效应会随着 F_{cor}/F_{obsd} 值的增加而增强。也就是说，呋喃西林浓度的增加会增强内滤效应。以上讨论证实了 GSH-Cu NCs 检测呋喃西林中的内滤效应机理[205,210]。因此，静态猝灭和内滤效应可能是呋喃西林检测中 GSH-Cu NCs 荧光猝灭的原因。

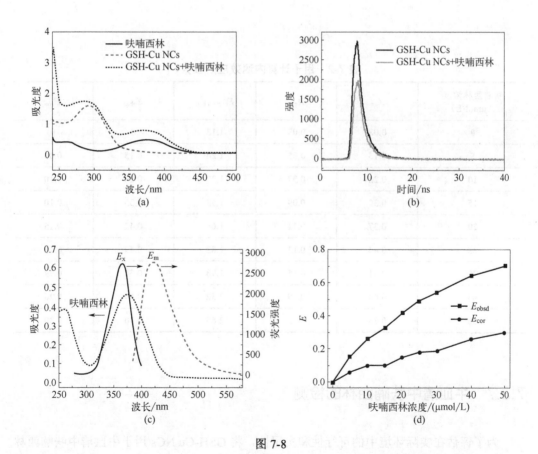

图 7-8

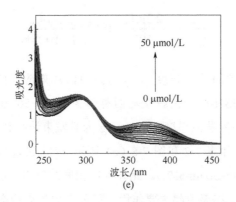

图 7-8 呋喃西林、GSH-Cu NCs 和 GSH-Cu NCs+呋喃西林体系的紫外-可见吸收光谱（a）；GSH-Cu NCs 和 GSH-Cu NCs+呋喃西林体系的荧光衰减曲线（b）；呋喃西林的紫外-可见吸收光谱，GSH-Cu NCs 的荧光激发和发射光谱（c）； GSH-Cu NCs+呋喃西林体系在不同浓度呋喃西林存在时的紫外-可见吸收光谱（d）；不同浓度呋喃西林存在时检测体系检测到的荧光猝灭率（E_{obsd}）和修正的荧光猝灭率（E_{cor}）（e）

表 7-2 用于计算内滤效应的参数

呋喃西林浓度/（μmol/L）	A_{ex}	A_{em}	F_{cor}/F_{obsd}	E_{obsd}	E_{cor}
0	0.08	0.03	1.13	0	0
5	0.15	0.05	1.24	0.15	0.06
10	0.22	0.07	1.37	0.26	0.10
15	0.30	0.09	1.52	0.33	0.10
20	0.37	0.11	1.66	0.42	0.15
25	0.44	0.13	1.82	0.49	0.18
30	0.51	0.15	1.98	0.54	0.19
40	0.64	0.19	2.32	0.64	0.26
50	0.76	0.22	2.65	0.70	0.30

7.3.7 牛血清中呋喃西林的检测

为了评估在实际环境中的可行性和实用性，将 GSH-Cu NCs 用于牛血清中呋喃西林的检测。在回收率实验中，向样品中加入已知浓度（10 μmol/L、30 μmol/L、50 μmol/L）

的呋喃西林，结果见表 7-3，检测到的浓度与添加的浓度可以很好地对应。回收率在 96.63%～104.36%之间，相对标准偏差较低，表明 GSH-Cu NCs 在实际样品中对呋喃西林的检测是可行的。

表 7-3　牛血清中 GSH-Cu NCs 用于呋喃西林检测的回收率实验结果

样品	加入量 /（μmol/L）	检测量 /（μmol/L）			相对标准偏差 /%	回收率/%
1	10.00	9.48	9.65	9.86	1.61	96.63
2	30.00	30.23	31.55	32.14	2.55	104.36
3	50.00	48.93	50.69	51.75	2.30	100.91

7.4　结论

综上所述，水溶性的 GSH-Cu NCs 通过简单的方式被合成，其中谷胱甘肽为保护基团，抗坏血酸为还原剂。基于静态猝灭和内滤效应，呋喃西林的加入使得 GSH-Cu NCs 的荧光被有效猝灭。$\ln(F_0/F)$ 值与呋喃西林浓度在 0.5～100 μmol/L 范围内呈现良好的线性关系，检出限为 0.075 μmol/L。更重要的是，该荧光探针被成功用于牛血清中呋喃西林的检测，回收率令人满意。结果表明，该探针在呋喃西林检测的实际应用中具有广阔的前景。

第8章

鞣酸-铜纳米团簇在呋喃唑酮检测中的应用

8.1 引言

作为硝基呋喃类抗生素中的一种重要药物,呋喃唑酮可用于治疗由细菌和原虫引起的痢疾、肠炎、胃溃疡等胃肠道疾病。然而,过量使用呋喃唑酮可能引起恶心、呕吐、厌食、腹泻等胃肠道反应,溶血性贫血,皮疹等其他过敏反应[253-256]。欧洲联盟设定了硝基呋喃类药物的代谢产物的最大残留限量为 5 μg/kg,且所有硝基呋喃类物质的总残留量之和不应超过这一水平。由于呋喃唑酮在体内代谢迅速,因此有必要准确测定呋喃唑酮的浓度。

迄今为止,包括高效液相色谱法[257]、表面增强拉曼光谱法[258]、电化学法[259,260]、液相色谱-质谱串联法[261]、酶联免疫吸附分析法[262]和光谱法[263]在内的一些分析方法被成功用于呋喃唑酮的检测。然而,这些检测技术存在着费时、操作复杂、仪器价格昂贵等诸多缺点。与这些技术相比,荧光法具有操作简单、成本低、不需要专业人员、测试时间短等优点[172-175]。因此,可开发一种简便、实用、有选择性和灵敏的荧光分析法来测定呋喃唑酮。在该方法中,具有优异光学性能的荧光探针是核心因素。

目前,荧光探针主要包括有机染料、半导体量子点、碳量子点、金属有机骨架、金属纳米团簇等[178-181]。其中,由于受到亚纳米尺寸的限制,金属纳米团簇具有独特的性能,已被广泛用作生物测定、生物成像和催化领域的替代品[264,265]。近年来,荧光金纳米团簇、银纳米团簇和铜纳米团簇由于具有大的斯托克斯位移、超小的粒径分布和优异的生物相容性等特点被大量报道[106-109]。铜纳米团簇拥有与金纳米团簇、银纳米团簇相似的特性,但铜的价格便宜且广泛易得,因此,铜纳米团簇得到越来越多的关注,制备的铜纳米团簇已广泛用于小生物分子的检测[43-45]。例如,谷胱甘肽包覆的铜纳米团簇被合成并应用于微量白蛋白和肌酐[266]的检测。Shao 等[189]开发了二硫苏糖醇保护的铜纳米团簇,并将其作为荧光探针用于钴离子测定。Li 等[267]制备了谷胱甘肽稳定的铜纳米团簇用于测试谷胱甘肽。然而,大分子稳定剂通常会生成具有较大流体动力学半径的铜纳米颗粒,这往往会限制它们的应用潜力。在这种情况下,小分子鞣酸可以有效地克服这一问题。此外,鞣酸具有活性官能团(羟基和羧基),并且制备的铜纳米团簇被用于检测金霉素[233]、木犀草素[177]、磷酸根离子[127]、多巴胺[197]和亚硝酸盐[196]。然而,鞣酸保护的铜纳米团簇用于呋喃唑酮检测尚未见报道。

基于此,本章以鞣酸为模板剂,抗坏血酸为还原剂,通过简单的一锅法制备工艺合成了具有蓝色荧光的铜纳米团簇(TA-Cu NCs),并且得到的 TA-Cu NCs 在不同条件下都非常稳定。如图 8-1 所示，基于内滤效应和静态猝灭机理，TA-Cu NCs 的荧光可以被呋喃唑酮猝灭。更重要的是，TA-Cu NCs 被成功用于实际样品中呋喃唑酮的检测。

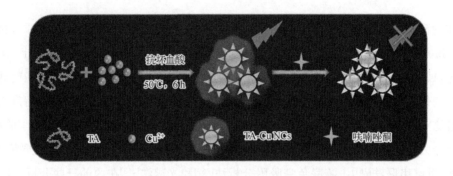

图 8-1　TA-Cu NCs 的制备及用于呋喃唑酮检测的简单示意图

8.2　研究思路与实验设计

8.2.1　实验试剂

二水合氯化铜（$CuCl_2·2H_2O$，分析纯）、鞣酸（TA，99%）、抗坏血酸（AA，99%）、葡萄糖（99%）、蔗糖（99%）、乳糖（99%）、十二烷基磺酸钠（99.5%）、果糖（99%）、淀粉（分析纯）、色氨酸（99%）、硬脂酸钠（99%）、丙氨酸（99%）、亮氨酸（99%）、异亮氨酸（99%）、精氨酸（99%）、赖氨酸（99%）、半胱氨酸（99%）、天冬酰胺（99%）、组氨酸（99%）、丝氨酸（99%）、谷氨酸（99%）、甘氨酸（99%）、氯化钠（99%）、氯化钾（99%）、呋喃唑酮（97%）来自上海阿拉丁生化科技股份有限公司。

8.2.2　TA-Cu NCs 的制备

本章制备的 TA-Cu NCs 以鞣酸为稳定剂，抗坏血酸为还原剂，通过对已有报道的方法进行少量改动而合成[233]。简而言之，将 0.2 mL 0.1 mol/L 的 $CuCl_2$ 溶液和 0.1 mL

1 mmol/L 的鞣酸溶液加到 445 μL 超纯水中，室温搅拌 5 min。然后逐滴加入 0.5 mL 0.4 mol/L 的抗坏血酸，并在 50℃下反应 6 h。溶液的颜色由无色转变为淡黄色，表明 TA-Cu NCs 制备成功。最后淡黄色溶液用透析膜（M_W= 3000）在室温下纯化 24 h。纯化后的 TA-Cu NCs 储存于 4℃下供进一步使用。

8.2.3 呋喃唑酮检测

为检测呋喃唑酮，设计了一系列实验。首先，将 1.0 mL 的 TA-Cu NCs 和 1.0 mL pH=6.0 的磷酸盐缓冲溶液滴入 5.0 mL 塑料管中。然后，在混合物中分别加入不同浓度的呋喃唑酮。反应 1 min 后，检测并记录激发波长为 364 nm 时溶液的荧光光谱。

选择浓度为 120 μmol/L 的抗坏血酸、葡萄糖、蔗糖、乳糖、十二烷基磺酸钠、果糖、淀粉、色氨酸、硬脂酸钠、丙氨酸、亮氨酸、异亮氨酸、精氨酸、赖氨酸、半胱氨酸、天冬酰胺、组氨酸、丝氨酸、谷氨酸、甘氨酸、氯化钠和氯化钾为干扰物进行选择性实验。在和呋喃唑酮检测条件相同的情况下，检测并记录各体系荧光光谱和荧光强度。

8.2.4 实际样品中呋喃唑酮的检测

使用的牛血清样本购自阿拉丁生化科技有限公司。牛血清样品经过滤去除较大颗粒的杂质，用 pH=6.0 的磷酸盐缓冲溶液稀释 100 倍。向探针溶液中添加呋喃唑酮标准溶液来验证回收率结果，呋喃唑酮的最终添加浓度为 15、35、55 μmol/L。回收率（%）由下列公式计算，在相同条件下重复进行实验三次，得到相对标准偏差。

$$回收率 = \frac{实测浓度}{加标浓度} \times 100\%$$

8.3 结果与讨论

8.3.1 TA-Cu NCs 的表征

采用 TEM、XPS、FT-IR、紫外-可见吸收光谱和荧光光谱等几种表征方法研究 TA-

CuNCs 的特性。首先，XPS 结果揭示了不同元素的组成和价态。如图 8-2（a）所示，电子结合能为 285.3 eV、534.5 eV 和 932.8 eV 处的三个峰分别属于 C 1s、O 1s 和 Cu 2p 的特征峰。从图 8-2（b）中可以看出，C 1s 谱图被拟合成位于 284.6 eV（C—C/C=C）、286.1 eV（C—OH）、287.3 eV（C=O）和 288.4 eV（COOH）的四个峰。图 8-2（c）显示，拟合后的 O 1s 谱图被分成位于 531.6 eV（C=O）和 532.8 eV（C—OH）的两个峰。图 8-2（d）中 933.1 eV 和 952.9 eV 处的两个峰属于低价铜，表明 Cu^{2+} 被完全还原。

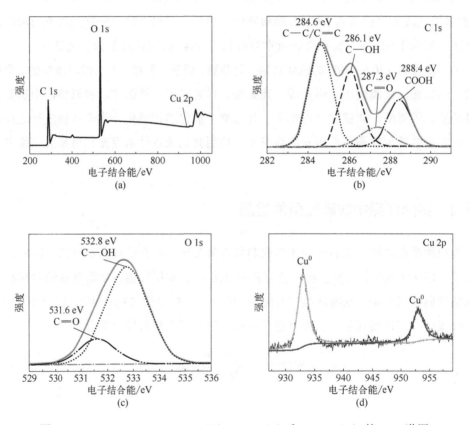

图 8-2　TA-Cu NCs（a）、C 1s（b）、O 1s（c）和 Cu 2p（d）的 XPS 谱图

然后，利用 FT-IR 来研究分析 TA-Cu NCs 的官能团。如图 8-3（a）所示，在 TA-Cu NCs 上发现了鞣酸的一些特征峰。—OH、C=O 和 C—O 键的伸缩振动吸收峰分别位于 3425.6 cm^{-1}、1752.1 cm^{-1} 和 1118.2 cm^{-1} 处。1620.4 cm^{-1} 处的峰为苯环骨架振动。1382.9 cm^{-1} 处的峰属于 C—H 键的变形振动。更重要的是，这些结构与 XPS 的结论可以

很好地吻合。图 8-3（b）中的 TEM 图像显示 TA-Cu NCs 为高度分散的球形颗粒，经统计，团簇的粒径集中在 2.0～2.6 nm 范围内[图 8-3（c）]。

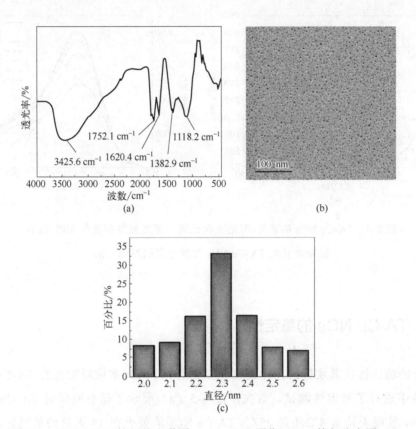

图 8-3　TA-Cu NCs 的红外光谱图（a）、TEM 图像（b）、粒径分布图（c）

最后对 TA-Cu NCs 的光学性质进行了系统的讨论。如图 8-4（a）的荧光光谱所示，TA-Cu NCs 的最大激发波长和最大发射波长分别为 364 nm 和 431 nm。以硫酸奎宁为参比，TA-Cu NCs 的荧光量子产率为 7.35%。同时，在紫外-可见吸收光谱中没有观察到 500～600 nm 之间的峰，说明没有生成大尺寸的铜纳米颗粒。通过改变激发波长，研究了激发波长对 TA-Cu NCs 发射光谱的影响。如图 8-4（b）所示，TA-Cu NCs 展示出激发依赖性，即其最大发射波长随激发波长的变化而改变。一般认为，荧光材料尺寸的差异是激发依赖现象的主要原因。这与 TEM 结果相符，TA-Cu NCs 颗粒大小在一定范围内分布，而不是单一值。在 Yu 等[250]和 Zhang 等[268]的研究中，也用这个原因来解释这一现象。上述多种表征结果证实了 TA-Cu NCs 的成功合成。

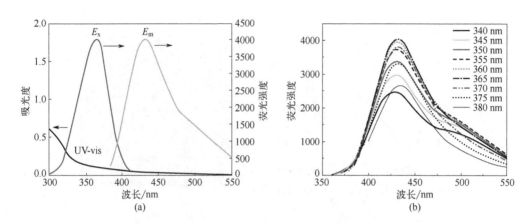

图 8-4　TA-Cu NCs 的紫外-可见吸收光谱、荧光激发和发射光谱（a）；
激发波长对 TA-Cu NCs 发射光谱的影响（b）

8.3.2　TA-Cu NCs 的稳定性

探针的稳定性在其实际应用中起着重要的作用，因此本章对制备的 TA-Cu NCs 在不同条件下进行了稳定性测试。首先，图 8-5（a）展示了储存时间对 TA-Cu NCs 荧光的影响，发现无论是 4℃还是 25℃，TA-Cu NCs 的荧光在 15 天后仍然稳定。接着，还研究了紫外光照射时间对 TA-Cu NCs 荧光的影响。如图 8-5（b）所示，紫外光照射 10 min 后 TA-Cu NCs 的荧光强度依然保持不变，说明该团簇具有优异的光稳定性。最后，离子强度对 TA-Cu NCs 荧光的影响见图 8-5（c），当 NaCl 浓度达到 0.25 mol/L 时，TA-Cu NCs 的荧光强度仍没有明显下降。这些结果说明 TA-Cu NCs 具有良好的综合稳定性。

8.3.3　TA-Cu NCs 对呋喃唑酮的检测性能

为了获得最佳的实验条件，考察了磷酸盐缓冲溶液 pH 值和反应时间对 TA-Cu NCs 检测呋喃唑酮的影响。图 8-6（a）显示了当溶液 pH 值从 6.0 变到 8.0 时荧光强度差值

（ΔF）的变化情况，$\Delta F=F_0-F$，F_0 为 TA-Cu NCs 的荧光强度，F 为 TA-Cu NCs+呋喃唑酮体系的荧光强度，ΔF 值在 pH 为 6.0 时达到最大值。在图 8-6（b）中，ΔF 值在 60 s 时达到最大值。因此，选择 6.0 为最佳的检测 pH 值，60 s 为最佳检测时间。

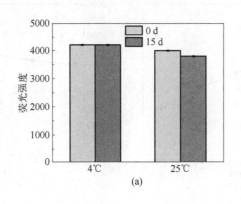

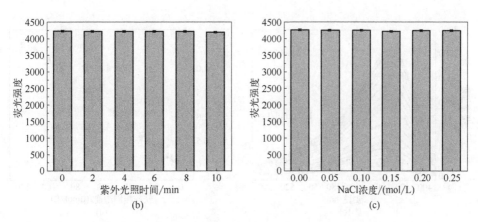

图 8-5 储存时间（a）、紫外光照时间（b）和 NaCl 浓度（c）
对 TA-Cu NCs 稳定性的影响

根据荧光检测实验，获得了 TA-Cu NCs/呋喃唑酮体系的荧光强度。结果如图 8-6（c）所示，当呋喃唑酮浓度从 0 μmol/L 增加到 120 μmol/L，TA-Cu NCs 的荧光强度逐渐降低。更加值得注意的是，$\ln(F_0/F)$ 与呋喃唑酮浓度在 0.5～120 μmol/L 的范围之间存在良好的线性关系，具体见图 8-6（d），线性方程为 $\ln(F_0/F)=0.022[C]-0.0041$，$[C]$ 是呋喃唑酮浓度。相应的检出限和回归系数 R^2 分别为 0.074 μmol/L 和 0.9992。与表 8-1 中其他方法相比,该方法具有更大的线性范围。因此,该检测体系为呋喃唑酮的分析提供了很大的可行性。

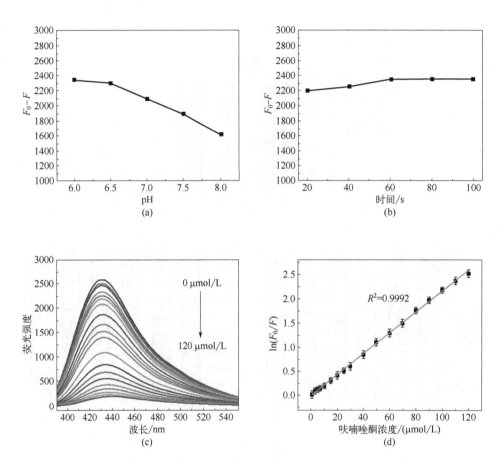

图 8-6　pH 值（a）和反应时间（b）对检测效果的影响;不同浓度呋喃唑酮存在时 TA-Cu NCs 的荧光发射光谱（c）;ln（F_0/F）值和呋喃唑酮浓度间的线性关系（d）

表 8-1　用于呋喃唑酮检测的不同方法的比较

方法	线性范围/(μmol/L)	检出限/(μmol/L)	参考文献
液相色谱-质谱联用	—	0.035	[256]
高效液相色谱	—	0.001	[257]

续表

方法	线性范围/(μmol/L)	检出限/(μmol/L)	参考文献
电化学	0.09～4	0.023	[259]
电化学	0.003～0.09	0.002	[260]
酶联免疫吸附分析	—	0.00013	[262]
荧光	0.36～1.11	0.0093	[269]
荧光	0.5～100	0.096	[181]
荧光	0.5～120	0.074	—

8.3.4 TA-Cu NCs 检测呋喃唑酮的选择性

为了研究 TA-Cu NCs 在呋喃唑酮检测中的选择性，测定了与呋喃唑酮极可能共存的物质对该探针荧光强度的影响。从图 8-7 可以看出，只有呋喃唑酮对 TA-Cu NCs 的荧光强度有明显影响，其他物质的影响可以忽略不计。上述结果显示了在鉴别呋喃唑酮与其他物质时 TA-Cu NCs 展示出的优良选择性。

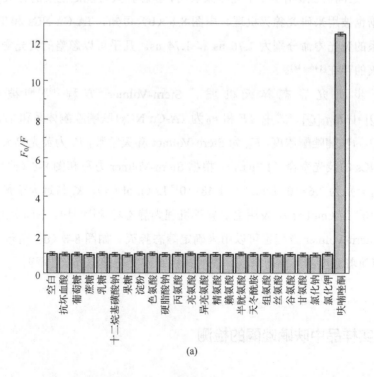

图 8-7

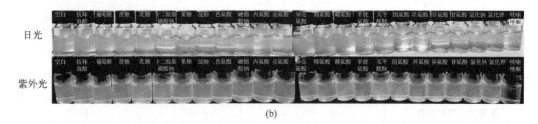

图 8-7　120 μmol/L 的干扰物对 TA-Cu NCs 荧光强度的影响（a）；
含有不同干扰物的 TA-Cu NCs 溶液在日光下和紫外光下的照片（b）

8.3.5　荧光猝灭机理

首先，通过分析呋喃唑酮、TA-Cu NCs 和 TA-Cu NCs+呋喃唑酮体系的紫外-可见吸收光谱来研究荧光猝灭机理。如图 8-8（a）所示，与呋喃唑酮和 TA-Cu NCs 相比，TA-Cu NCs+呋喃唑酮体系吸收峰强度和峰位置的移动说明 TA-Cu NCs 与呋喃唑酮之间存在相互作用。经推断，TA-Cu NCs 与呋喃唑酮的相互作用主要通过两种方式：TA-Cu NCs 中的—OH 和—COO—基团与呋喃唑酮中的硝基基团之间的静电相互作用；TA-Cu NCs 与呋喃唑酮[270]之间的氢键作用。上述结果表明，静态猝灭可能是主要的猝灭机理[141,142]。荧光寿命数据也被用来研究猝灭机理。由图 8-8（b）可知，TA-Cu NCs 和 TA-Cu NCs+呋喃唑酮体系的荧光寿命分别为 1.76 ns 和 1.74 ns。几乎可以忽略的荧光寿命差异也说明了静态猝灭的存在[146-148]。

为进一步研究静态猝灭机理，Stern-Volmer 方程[139,140]被引入，即 $F_0/F=1+K_{sv}[Q]=1+K_q\tau_0[Q]$。式中，$F$ 和 F_0 为 TA-Cu NCs+呋喃唑酮体系和 TA-Cu NCs 的荧光强度，$[Q]$ 为呋喃唑酮浓度，K_{sv} 为 Stern-Volmer 猝灭常数，K_q 为荧光猝灭速率常数，τ_0 为 TA-Cu NCs 的荧光寿命（1.76 ns）。根据 Stern-Volmer 方程和图 8-8（c）中的线性关系，K_{sv} 和 K_q 分别为 2.6×10^4 L/mol 和 1.48×10^{13} L/(mol·s)。K_q 值远大于最大散射碰撞猝灭常数 2×10^{10} L/(mol·s)，表明主要猝灭机理为静态猝灭[141,142]。不同温度（25、35、45℃）下的 Stern-Volmer 方程也可以用来确定静态猝灭。如图 8-8（d）所示，从 25℃ 到 45℃，K_{sv} 值随着温度的升高而降低，表明该机制确实是静态猝灭[91,104]。

8.3.6　真实样品中呋喃唑酮的检测

通过牛血清中呋喃唑酮的检测，研究了该探针的实际应用。从表 8-2 可以看出，回收率范围可以达到 99.1%～105.1%，相对标准偏差均在合理范围内。该探针在回收率和相对标准偏差方面的优异表现说明 TA-Cu NCs 在牛血清中呋喃唑酮的测定具有可信度和准确性。

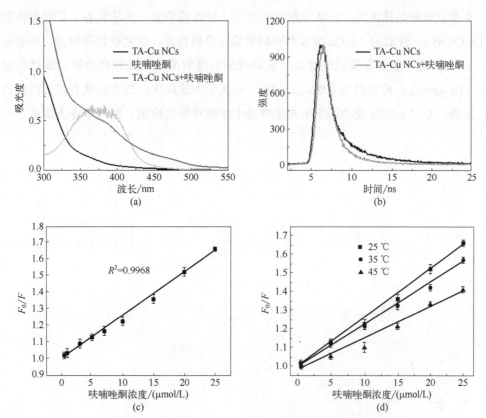

图 8-8　TA-Cu NCs、呋喃唑酮和 TA-Cu NCs+呋喃唑酮体系的紫外-可见吸收光谱（a）；TA-Cu NCs 和 TA-Cu NCs+呋喃唑酮体系的荧光衰减曲线（b）；F_0/F 值和呋喃唑酮浓度之间的线性关系（c）；不同温度下 F_0/F 值和呋喃唑酮浓度之间的线性关系（d）

表 8-2　实际样品中呋喃唑酮的检测

样品	加入量/(μmol/L)	检测量/(μmol/L)	回收率/%	相对标准偏差（$n=3$）/%
牛血清	15	15.75	105.1	2.94
	35	34.67	99.1	3.57
	55	56.81	103.3	3.54

8.4 结论

本章以鞣酸为稳定剂，抗坏血酸为还原剂，通过简单的一步法制备了具有蓝色荧光的 TA-Cu NCs。合成的 TA-Cu NCs 具有纳米级、分散性好、稳定性好等特点。所研制的 TA-Cu NCs 通过静态猝灭机理实现了呋喃唑酮高灵敏度和高选择性检测。线性范围为 0.5~120 μmol/L，检出限为 0.074 μmol/L。与其他方法相比，该方法具有更大的线性范围。此外，TA-Cu NCs 成功用于牛血清样品中呋喃唑酮的检测，回收率令人满意。

第9章

总结与展望

随着社会的发展，环境、饮食、基因等问题带来越来越多的疾病，随之而来的便是药物滥用问题。适当地服用药物可以治疗疾病，但过量服用和错误服用药物往往会导致比较严重的副作用。因此，实现药物浓度的准确检测具有重要意义。与药物检测的传统方法相比，荧光分析法因其操作简单、省时、成本低、准确性高等优点而受到更多的关注，其核心因素便是高性能荧光探针的选择。作为典型的荧光探针，铜纳米团簇因其生物相容性好、原料储量丰富、价格低等优点在金属离子、非金属离子、有机分子检测领域被广泛应用。

笔者以铜纳米团簇为中心开展相关研究，选择几种常见且有代表性的物质为保护剂，采用化学还原法成功制备出具有优异荧光性质的铜纳米团簇。结果表明，所制得的铜纳米团簇具有优异的荧光性质和综合稳定性，在药物分子检测中表现出较高的灵敏度和选择性。所制得的铜纳米团簇在线性检测范围和检出限方面表现良好，可以适合更广泛的应用场景，更重要的是，在实际样品中的回收率实验同样表现优异，说明制得的铜纳米团簇具有极大的实际应用可能性。同时，对荧光猝灭现象的讨论和表征结果的分析为荧光检测机制的研究提供了更多的理论支撑。

总之，通过简单的一步法制得具有优异性能的铜纳米团簇，研究成果为药物分子检测领域提供了更多的选择和参考，为铜纳米团簇的合成与应用提供了技术指导和理论支撑。随着技术的发展，铜纳米团簇的相关研究正逐步深入，相信未来可以制备出性能更加优良、应用更加广泛、更加贴合实际场景的铜纳米团簇，并对荧光检测机制有更加深入的认识。

9.1 挑战与解决策略

铜纳米团簇作为一类重要的纳米材料，其独特的电子结构和物理化学性质使其在催化、传感、光电和生物医学等领域具有潜在的应用价值。铜纳米团簇的研究取得了一定的进展，但是相对于金、银等其他贵金属纳米团簇而言仍存在一定的挑战，尤其是在稳定性和量子产率方面，这在很大程度上限制了铜纳米团簇的发展和应用。因此，关于如何进一步提升铜纳米团簇上述性能的研究成为热点。

9.1.1 提高稳定性策略

铜纳米团簇的稳定性问题主要源于其在合成过程中较易形成的不稳定结构，这直接影响了其物理化学性能的稳定性与重复使用性，进而限制了其在实际应用中的表现。在铜纳米团簇中，配体不仅在合成过程中起到保护作用，还可以对铜纳米团簇的电子结构和表面性质产生重要影响。通过对配体进行设计与优化，可以有效地控制铜纳米团簇的几何结构、电子特性以及与周围环境的相互作用，进而优化其在催化、传感、生物医学等领域的性能。主要策略包括但不限于：改变配体的大小、形状、电子给受能力以及与铜原子的结合方式。例如，通过引入具有特定官能团的配体，可以增加铜纳米团簇的亲水性或疏水性，改变其在不同溶剂中的溶解度和生物相容性。此外，配体的大小和结构也会影响团簇的电子结构，进而改变其电子转移或能级差，这对于生物分子识别与催化活性等方面至关重要。进行配体的相关研究时，需要综合运用现代分析技术，如核磁共振、质谱、X射线衍射、紫外-可见吸收光谱等，来详细分析配体与铜纳米团簇的结合模式和配位环境。通过这些研究，可以设计出新的配体，这些配体不仅能促进铜纳米团簇的稳定性，还能赋予其新的功能性，如增加光稳定性、改变发光性能或提高催化活性。配体的深入研究为铜纳米团簇的合成与应用提供了一个重要的研究方向，通过对配体进行精细设计和调控，可以有效地提升铜纳米团簇的结构与性能，拓宽其在各个领域中的应用前景。

提高铜纳米团簇稳定性的第二个重要途径是优化团簇大小。在合成铜纳米团簇的过程中，控制团簇大小是一个关键的技术挑战。不同大小的铜纳米团簇具有不同的电子结构和物理化学性质，这些性质决定了它们在不同应用领域的表现力。例如，较小的铜纳米团簇可能表现出更高的活性位点密度和更优的活性，而较大的铜纳米团簇则可能表现出更好的稳定性。因此，通过控制合成条件，如反应温度、时间、反应物比例、配体选择等，可以有效地控制铜纳米团簇的尺寸和结构，以达到最佳的应用性能。目前，已有多种合成方法被用于制备不同大小的铜纳米团簇，虽然这些方法在控制铜纳米团簇尺寸方面各有优势，但也面临着诸如产率低、纯度控制难、后处理复杂等挑战。因此，开发新的合成策略和优化现有的合成方法是提高铜纳米团簇可控制备的关键。总之，铜纳米团簇的尺寸控制是其应用开发的关键步骤，需要通过不断的实验研究以及与理论计算结果相结合，才可以开发出更多更优的合成策略和技术，以实现铜纳米团簇的高效、稳定、可控制备，进而推动其在更广阔领域的应用。

9.1.2 提高量子产率策略

虽然铜纳米团簇在催化、光电子学、生物化学等领域显示出巨大的应用潜力，但是，在实际应用中，铜纳米团簇的量子产率往往较低，这限制了它们的性能表现和应用范围。因此，提高铜纳米团簇的量子产率成为了该领域的一个重要研究方向。铜纳米团簇的量子产率是指在一定激发波长下，发射光子数与吸收光子数之比，它是衡量发光效率的一个重要参数。目前，提高量子产率的策略包括但不限于团簇的结构设计、表面修饰、组装与复合材料策略等。

结构设计是提高量子产率的重要策略之一：通过精确控制铜纳米团簇的大小、形状和组成，可以改变其能级结构，从而优化电子在能带间的跃迁，实现量子产率的提升。例如，通过调整铜纳米团簇的配位数和配体结构，可以有效地调节其电子结构和能量状态，进而改变发光特性。表面修饰与功能化也是提高量子产率的有效途径：通过在铜纳米团簇表面引入合适的配体或配体链，可以有效地钝化铜纳米团簇的表面缺陷，减少非辐射跃迁，从而提高光致发光效率和量子产率。此外，表面修饰材料的引入还可以提供额外的能量传递通道，促进能量的有效传输和转换。组装与复合材料策略是提高铜纳米团簇量子产率的又一重要途径：通过自组装技术可以实现不同种类的铜纳米团簇的有序组装，形成具有更复杂结构的复合材料，这种结构的复杂性有助于实现更高的量子产率。例如，通过在铜纳米团簇表面组装有机配体，可以形成具有特殊电子结构的有机-无机杂化材料，从而提高发光性能。总之，通过对铜纳米团簇的结构设计、表面修饰和组装与复合材料策略的深入研究，可以有效地提高其量子产率，为其在光电领域的应用拓展新的途径。未来的研究可以进一步探索更加经济、高效的方法，以实现铜纳米团簇在量子产率上的突破。此外，结合理论计算和模拟分析，可以更深入地理解铜纳米团簇的电子结构和激发态特性，为设计高量子产率的铜纳米团簇提供理论指导，也为高性能光电材料的设计与合成提供理论基础。

综上所述，铜纳米团簇的量子产率提升策略研究是一个综合性的课题，它需要不断优化合成方法，探索结构与性能之间的关系，以及开发新的功能化策略，以实现铜纳米团簇在实际应用中的高效率和高性能。未来的研究将更加注重合成方法的绿色化、成本降低以及应用领域的拓展。

9.2 未来发展趋势

9.2.1 铜纳米团簇合成的可持续性与绿色化学要求

在合成铜纳米团簇的过程中，可持续性与绿色化学的要求日益凸显，这不仅出于对环境的责任感，也是实现可持续发展战略的需要。传统的合成方法，如模板法、配体辅助法等，虽然能够精确控制铜纳米团簇的大小和结构，但这些方法往往涉及昂贵的试剂和复杂的操作过程，从而增加合成成本，并可能带来环境污染。因此，开发低成本、高效率、对环境友好的合成方法是目前研究的重点。在这方面，一些新的合成策略正在被不断探索。例如，使用生物分子作为自组装的"模板"，通过生物体系内的酶促反应实现铜纳米团簇的可控合成，既降低了合成的能耗和物料成本，也避免了不必要的化学物质的使用，实现了"绿色化学"的要求；通过生物诱导的策略，利用生物分子的独特性质，如天然酶的选择性催化，来实现铜纳米团簇的定向合成。这些方法不仅提高了合成效率，也在一定程度上减少了对环境的影响。在铜纳米团簇的合成过程中，保持合成方法的绿色可持续发展是未来的一个重要方向。通过优化合成方法，不仅可以提高铜纳米团簇的量子产率，还可以在保持合成过程环保、经济和可持续的同时，拓展铜纳米团簇在各个领域的应用。因此，研究和发展符合绿色化学要求的铜纳米团簇合成方法，对于推动该领域的可持续发展具有重要意义。

9.2.2 铜纳米团簇的应用拓展

铜纳米团簇作为一种具有独特电子结构和物理化学性质的材料，在催化、光电子学以及生物医学等多个领域展现出了巨大的应用潜力。在催化领域，铜纳米团簇的良好电催化性能使其在环境、能源和材料科学的研究中具有重要作用，例如，铜纳米团簇可以作为催化剂参与 CO_2 的还原反应，将 CO_2 转化为有价值的化学品。在光电子学领域中，铜纳米团簇的发光性能可用于设计新型的光电转换材料，为太阳能电池和 LED 的开发开辟了新的途径。在生物医学领域，具有高量子产率的铜纳米团簇可以作为优秀的生物成像探针，用于疾病的早期诊断和治疗，也可以作为药物递送系统中的载体，实现靶向给药和药物的可控释放。

未来对于铜纳米团簇的研究需要进一步探索更加高效、经济、环境友好的合成策略，同时需兼顾团簇在实际应用中的稳定性和生物相容性。随着对铜纳米团簇性质的深入理解和量子产率提升方法的不断优化，铜纳米团簇的应用将更加广泛，展现出更大的应用价值。然而，当前科学技术的局限性使人们对材料本身的认识不够深入，使得材料的设计和制备方面存在诸多不确定性和局限性，最终导致实际制备的样品和理论设计的材料在结构上存在较大差异。随着科学技术的进一步发展，人们对材料微观结构的认识会更加深入，从而能够按照应用需求更加精准地设计材料的结构和制备方法，制备出与理论结构更加相符的材料，进而更加贴合实际使用的要求。相信在不久的将来，有望制备出稳定性更高、量子产率更大、生物相容性更好、毒性更低且能够应用于更多领域的铜纳米团簇。

参考文献

[1] Serag A, Abduljabbar M H, Althobaiti Y S, et al. Red-emitting BSA-copper nanocluster probe for sensitive and selective fluorometric determination of memantine HCl: Application to pharmacokinetics monitoring[J]. Microchemical Journal, 2025, 208: 112523.

[2] Hou X Y, Zuo H, Sun N, et al. Phenylboronic acid-functionalized copper nanoclusters with sensitivity and selectivity for the ratiometric detection of luteolin[J]. Bioorganic Chemistry, 2024, 153: 107946.

[3] Peng B, Li M Y, Chen H J, et al. A smartphone-assisted ratiometric fluorescence sensor based on dual-emission copper nanoclusters for visual detection lead ion[J]. Dyes and Pigments, 2025, 235: 112581.

[4] Zhang S, Bai M Q, Qian J, et al. Water-soluble luminescent gold nanoclusters reduced and protected by histidine for sensing of barbaloin and temperature[J]. Microchemical Journal, 2021, 169: 106564.

[5] Zhang S, Wang X, Wang Y T, et al. Histidine-functionalized silver nanoclusters used as a blue-emissive fluorescence probe for vitamin B_{12} detection[J]. Microchemical Journal, 2024, 199: 109985.

[6] Guo Y Y, Chu Y Q, Sun X J, et al. Selective detection of nitrofurantoin by histidine-capped silver nanoclusters with blue luminescence[J]. Luminescence, 2023, 38: 796.

[7] Verma E, Kumar A, Daimary U D, et al. Potential of baicalein in the prevention and treatment of cancer: A scientometric analyses based review[J]. Journal of Functional Foods, 2021, 86: 104660.

[8] Song Q X, Peng S X, Zhu X S. Baicalein protects against MPP^+/MPTP-induced neurotoxicity by ameliorating oxidative stress in SH-SY5Y cells and mouse model of Parkinson's disease[J]. NeuroToxicology, 2021, 87: 188-194.

[9] Dinda B, Dinda S, Das Sharma S, et al. Therapeutic potentials of baicalin and its aglycone, baicalein against inflammatory disorders[J]. European Journal of Medicinal Chemietry, 2017, 131: 68-80.

[10] Aliakbari F, Shabani A A, Bardania H, et al. Formulation and anti-neurotoxic activity of baicalein-incorporating neutral nanoliposome[J]. Colloids and Surfaces B: Biointerfaces, 2018, 161: 578-587.

[11] Wang Z F, Gou G Z, Shi L, et al. Gold nanoparticle ensemble on polydopamine/graphene nanohybrid as a novel electrocatalyst for determination of baicalein[J]. Journal of Applied

Polymer Science, 2018, 46720: 1-10.

[12] Zhang B, Sun W, Yu N, et al. Anti-diabetic effect of baicalein is associated with the modulation of gut microbiota in streptozotocin and high-fat-diet induced diabetic rats[J]. Journal of Functional Foods, 2018, 46: 256-267.

[13] Zhang S, Li J H, Huang S Y, et al. Novel blue-emitting probes of polyethyleneimine-capped copper nanoclusters for fluorescence detection of quercetin[J]. Chemical Papers, 2021, 75: 3761-3769.

[14] Zhang S, Jin M L, Gao Y X, et al. Histidine-capped fluorescent copper nanoclusters: an efficient sensor for determination of furaltadone in aqueous solution[J]. Chemical Papers, 2022, 76: 7855-7863.

[15] Guo Y Y, Wang J C, Zhang L L, et al. Rapid chemical reduction synthesis of copper nanoclusters with blue fluorescence for highly sensitive detection of furazolidone[J]. Luminescence, 2024, 39: e4702.

[16] Chen F F, Xing Y K, Lei M Y, et al. Highly sensitive electrochemiluminescence sensing platform based on copper nanoclusters synthesized via a DNA nanoribbon template for the detection of cancer cells[J]. Sensors and Actuators B: Chemical, 2024, 420: 136506.

[17] Larkin J O, Cheng Z H, Arefeayne Y, et al. Templated synthesis of copper nanoclusters with a hybrid lysozyme-polymer material for enhanced fluorescence[J]. Bioconjugate Chemistry, 2024, 35: 732-736.

[18] Wang J X, Chen W T, Cao L, et al. Glutathione S-transferase templated copper nanoclusters as a fluorescent probe for turn-on sensing of chlorotetracycline[J]. Nanoscale Advances, 2024, 6: 722-731.

[19] Zhang S, Nie X, Ren Y, et al. One-Pot facile synthesis of fluorescent copper nanoclusters for highly selective and sensitive detection of tetracycline[J]. Spectrochimica Acta Part A: Molecular and Biomolecular Spectroscopy, 2024, 315: 124301.

[20] Bilkay M, Kara H E S. Synthesis of novel phenylalanine-coated copper nanoclusters for fluorescent probes to determine the interactions of cancer drugs with DNA[J]. Journal of Pharmaceutical and Biomedical Analysis, 2024, 249: 116365.

[21] Hosseini S M, Sadeghi S. Sensitive and rapid detection of ciprofloxacin and ofloxacin in aqueous samples by a facile and green synthesized copper nanocluster as a turn-on fluorescent probe[J]. Microchemical Journal, 2024, 202: 110751.

[22] Zhang J Q, Pang Y H, Shen X F. Rapid microwave-assisted synthesis of copper nanoclusters for "on-off-on" fluorescent sensor of tert-butylhydroquinone in edible oil[J]. Microchemical Journal, 2023, 193: 109070.

[23] Zhang S, Cui R M, Zhao Q K, et al. Blue luminescent glutathione-protected copper nanoclusters for selective detection of barbaloin[J]. ChemistrySelect, 2022, 7: e202202396.

[24] Zhang S, Li Y Z, Fan C L, et al. Glutathione-templated blue emitting copper nanoclusters as selective fluorescent probe for quantification of nitrofurazone[J]. Chemical Physics Letters, 2023, 825: 140614.

[25] Raut J, Islam M M, Saha S, et al. N-doped carbon quantum dots for differential detection of doxycycline in pharmaceutical sewage and in bacterial cell[J]. ACS Sustainable Chemistry & Engineering 2022, 10: 9811-9819.

[26] Zhuang Y R, Lin B X, Yu Y, et al. A ratiometric fluorescent probe based on sulfur quantum dots and calcium ion for sensitive and visual detection of doxycycline in food[J]. Food Chemistry, 2021, 356: 129720.

[27] Yu L, Chen H X, Yue J, et al. Europium metal-organic framework for selective and sensitive detection of doxycycline based on fluorescence enhancement[J]. Talanta, 2020, 207: 120297.

[28] Siddiqui A, Anwar H, Ahmed S W, et al. Synthesis and sensitive detection of doxycycline with sodium bis 2-ethylhexylsulfosuccinate based silver nanoparticle[J]. Spectrochimica Acta Part A: Molecular and Biomolecular Spectroscopy, 2020, 225: 117489.

[29] Fan Y C, Yu W H, Liao Y W, et al. Ratiometric detection of doxycycline in pharmaceutical based on dual ligands-enhanced copper nanoclusters[J]. Spectrochimica Acta Part A: Molecular and Biomolecular Spectroscopy, 2022, 267: 120509.

[30] Adrian J, Fernández F, Sánchez-Baeza F, et al. Preparation of antibodies and development of an enzyme-linked immunosorbent assay (ELISA) for the determination of doxycycline antibiotic in milk samples[J]. Journal of Agricultural and Food Chemistry, 2012, 60: 3837-3846.

[31] Hong Y Z, Tan Y L, Meng Y, et al. Evaluation of biomarkers for ecotoxicity assessment by dose-response dynamic models: Effects of nitrofurazone on antioxidant enzymes in the model ciliated protozoan Euplotes vannus[J]. Ecotoxicology and Environmental Safety, 2017, 144: 552-559.

[32] Rahi A, Sattarahmady N, Vais R D, et al. Sonoelectrodeposition of gold nanorods at a gold surface-Application for electrocatalytic reduction and determination of nitrofurazone[J]. Sensors and Actuators B: Chemical, 2015, 210: 96-102.

[33] Anupriya J, Rajakumaran R, Chen S M, et al. Raspberry-like $CuWO_4$ hollow spheres anchored on sulfur-doped g-C_3N_4 composite: An efficient electrocatalyst for selective electrochemical detection of antibiotic drug nitrofurazone[J]. Chemosphere, 2022, 296: 133997.

[34] Hong Y Z, Lin X F, Cui X D, et al. Comparative evaluation of genotoxicity induced by nitrofurazone in two ciliated protozoa by detecting DNA strand breaks and DNA-protein crosslinks[J]. Ecological Indicators, 2015, 54: 153-160.

[35] Popiolek L, Biernasiuk A. Synthesis and investigation of antimicrobial activities of nitrofurazone analogues containing hydrazide-hydrazone moiety[J]. Saudi Pharmaceutical Journal, 2017, 25: 1097-1102.

[36] Song Q, Wang W D, Lu K, et al. Three-dimensional hydrophobic porous organic polymers confined Pd nanoclusters for phase-transfer catalytic hydrogenation of nitroarenes in water[J]. Chemical Engineering Journal, 2021, 415: 128856.

[37] Zhang S Z, Geng Y M, Deng X Y, et al. Microwave-assisted ultra-fast synthesis of bovine serum albumin-stabilized gold nanoclusters and *in-situ* generation of manganese dioxide to

detect alkaline phosphatase[J]. Dyes and Pigments, 2022, 202: 110266.

[38] Yin M M, Chen W Q, Hu Y J, et al. Rapid preparation of water-soluble Ag@Au nanoclusters with bright deep-red emission[J]. Chemical Communication, 2022, 58: 2492-2495.

[39] Aparna A, Sreehari H, Chandran A, et al. Ligand-protected nanoclusters and their role in agriculture, sensing and allied applications[J]. Talanta, 2022, 239: 123134.

[40] Guo Y H, Amunyela H T N N, Cheng Y L, et al. Natural protein-templated fluorescent gold nanoclusters: Syntheses and applications[J]. Food Chemistry, 2021, 335: 127657.

[41] Zhang S, Ma J L, Wu Y F, et al. Histidine-capped copper nanoclusters for *in situ* amplified fluorescence monitoring of doxycycline through inner filter effect[J]. Luminescence, 2024, 39: e4677.

[42] Zhang S, Zhu M L, Zhang W T, et al. Preparation and application of copper nanoclusters as a fluorescent sensor for sensitive detection of tartrazine[J]. Microchemical Journal, 2024, 207: 112146.

[43] Cheng Y L, Chen J N, Hu B, et al. Spectroscopic investigations of the changes in ligand conformation during the synthesis of soy protein-templated fluorescent gold nanoclusters[J]. Spectrochimica Acta Part A: Molecular and Biomolecular Spectroscopy, 2021, 255: 119725.

[44] Cai Z F, Wu L L, Xi J R, et al. Green and facile synthesis of polyethyleneimine-protected fluorescent silver nanoclusters for the highly specific biosensing of curcumin[J]. Colloids and Surfaces A: Physicochemical and Engineering Aspects, 2021, 615: 126228.

[45] Dong L, Li R Y, Wang L Q, et al. Green synthesis of platinum nanoclusters using lentinan for sensitively colorimetric detection of glucose[J]. International Journal of Biological Macromolecules, 2021, 172: 289-298.

[46] Cai Z F, Chen S Y, Ma X R, et al. Preparation and use of tyrosine-capped copper nanoclusters as fluorescent probe to determine rutin[J]. Journal of Photochemistry and Photobiology A, 2021, 405: 112918.

[47] Yu J H, Liu S, Mu X L, et al. Cu-ZrO$_2$ catalysts with highly dispersed Cu nanoclusters derived from ZrO$_2$@HKUST-1 composites for the enhanced CO$_2$ hydrogenation to methanol[J]. Chemical Engineering Journal, 2021: 129656.

[48] Liu C, Dong H L, Ji Y J, et al. High-performance hydrogen evolution reaction catalysis achieved by small core-shell copper nanoparticles[J]. Journal of Colloid and Interface Science, 2019, 551: 130-137.

[49] An Y, Ren Y, Bick M, et al. Highly fluorescent copper nanoclusters for sensing and bioimaging[J]. Biosensors and Bioelectronics, 2020, 154: 112078.

[50] Ramadurai M, Rajendran G, Bama T S, et al. Biocompatible thiolate protected copper nanoclusters for an efficient imaging of lung cancer cells[J]. Journal of Photochemistry and Photobiology B, 2020, 205: 111845.

[51] Pandit S, Kundu S. pH-Dependent reversible emission behaviour of lysozyme coated fluorescent copper nanoclusters[J]. Journal of Luminescence, 2020, 228: 117607.

[52] Li Y Y, He Y, Ge Y L, et al. Smartphone-assisted visual ratio-fluorescence detection of

hypochlorite based on copper nanoclusters[J]. Spectrochimica Acta Part A: Molecular and Biomolecular Spectroscopy, 2021, 255: 119740.

[53] Ghosh R, Sahoo A K, Ghosh S S, et al. Blue-emitting copper nanoclusters synthesized in the presence of lysozyme as candidates for cell labeling[J]. ACS Applied Materials & Interface, 2014, 6: 3822-3828.

[54] Zhang Y Y, Li Y X, Zhang C Y, et al. Fluorescence turn-on detection of alkaline phosphatase activity based on controlled release of PEI-capped Cu nanoclusters from MnO_2 nanosheets[J]. Analytical and Bioanalytical Chemistry, 2017, 409: 4771-4778.

[55] Lin S M, Geng S, Li N, et al. L-Histidine-protected copper nanoparticles as a fluorescent probe for sensing ferric ions[J]. Sensors and Actuators B: Chemical, 2017, 252: 912-918.

[56] Han B Y, Peng T T, Li Y, et al. Ultra-stable L-proline protected copper nanoclusters and their solvent effect[J]. Methods and Application Fluorescence, 2018, 6: 035015.

[57] Shokri E, Hosseini M, Sadeghan A A, et al. Virus-directed synthesis of emitting copper nanoclusters as an approach to simple tracer preparation for the detection of Citrus Tristeza Virus through the fluorescence anisotropy immunoassay[J]. Sensors and Actuators B: Chemical, 2020, 321: 128634.

[58] Wang C J, Yang M, Mi G H, et al. Dual-emission fluorescence sensor based on biocompatible bovine serum albumin stabilized copper nanoclusters for ratio and visualization detection of hydrogen peroxide[J]. Dyes and Pigments, 2021, 190: 109312.

[59] Feng J, Chen Y L, Han Y X, et al. pH-Regulated synthesis of trypsin-templated copper nanoclusters with blue and yellow fluorescent emission[J]. ACS Omega, 2017, 2: 9109-9117.

[60] Cai Z F, Deng C H, Wang J, et al. Sensitive and selective determination of aloin with highly stable histidine-capped silver nanoclusters based on the inner filter effect[J]. Colloids and Surfaces A: Physicochemical and Engineering Aspects, 2021, 627: 127224.

[61] Sreeju N, Rufus A, Philip D. Microwave-assisted rapid synthesis of copper nanoparticles with exceptional stability and their multifaceted applications[J]. Journal of Molecular Liquids, 2016, 221: 1008-1021.

[62] Jia X, Li J, Wang E. Cu nanoclusters with aggregation induced emission enhancement[J]. Small, 2013, 9: 3873-3879.

[63] Wang C, Yao Y G, Song Q J. Interfacial synthesis of polyethyleneimine-protected copper nanoclusters: Size-dependent tunable photoluminescence, pH sensor and bioimaging[J]. Colloids and Surfaces B: Biointerfaces, 2016, 140: 373-381.

[64] Jia X, Li J, Han L, et al. DNA-Hosted copper nanoclusters for fluorescent identification of single nucleotide polymorphisms[J]. ACS Nano, 2012, 6: 3311-3317.

[65] Kawasaki H, Kosaka Y, Myoujin Y, et al. Microwave-assisted polyol synthesis of copper nanocrystals without using additional protective agents[J]. Chemical Communications, 2011, 47: 7740-7742.

[66] Yang S, Sun X, Chen Y. A novel fluorescence enhancement probe based on L-Cystine modified copper nanoclusters for the detection of 2, 4, 6-trinitrotoluene[J]. Materials Letters, 2017,

194: 5-8.

[67] Zhou Z, Du Y, Dong S. Double-strand DNA-templated formation of copper nanoparticles as fluorescent probe for label-free aptamer sensor[J]. Analytical Chemistry, 2011, 83: 5122-5127.

[68] Ahn J K, Kim H Y, Baek S, et al. A new s-adenosylhomocysteine hydrolase-linked method for adenosine detection based on DNA-templated fluorescent Cu/Ag nanoclusters[J]. Biosensors and Bioelectronics, 2017, 93: 330-334.

[69] Adhikari B, Banerjee A. Facile synthesis of water-soluble fluorescent silver nanoclusters and Hg^{II} sensing[J]. Chemistry of Materials, 2010, 22: 4364-4371.

[70] Bao Y, Yeh H C, Zhong C, et al. Formation and stabilization of fluorescent gold nanoclusters using small molecules[J]. The Journal of Physical Chemistry C, 2010, 114: 15879-15882.

[71] Wei W T, Lu Y Z, Chen W, et al. One-pot synthesis, photoluminescence, and electrocatalytic properties of subnanometer-sized copper clusters[J]. Journal of the American Chemical Society, 2011, 133: 2060-2063.

[72] Chen W, Chen S. Oxygen electroreduction catalyzed by gold nanoclusters: strong core size effects[J]. Angewandte Chemie, 2009, 48: 4386-4389.

[73] Hammer B, Norskov J K. Why gold is the noblest of all the metals[J]. Nature, 1995, 376: 238-240.

[74] Bokhoven J A V, Miller J T. d Electron density and reactivity of the d band as a function of particle size in supported gold catalysts[J]. The Journal of Physical Chemistry C, 2007, 111: 9245-9249.

[75] Lu Y, Chen W. Size effect of silver nanoclusters on their catalytic activity for oxygen electro-reduction[J]. Journal of Power Sources, 2012, 197: 107-110.

[76] Wu Z, Li Y, Liu J, et al. Colloidal self-assembly of catalytic copper nanoclusters into ultrathin ribbons[J]. Angew andte Chemie, 2015, 53: 12196-12200.

[77] Shen J S, Chen Y L, Wang Q P, et al. *In situ* synthesis of red emissive copper nanoclusters in supramolecular hydrogels[J]. Journal of Materials Chemistry C, 2013, 1: 2092-2096.

[78] Wang M, Wu Y, Liang Y D, et al. Copper nanoclusters combined with polymer films as highly sensitive colorimetric probes for visual and proportional fluorescence detection of hexavalent chromium ions in pH and natural waters[J].Colloids and Surfaces A: Physicochemical and Engineering Aspects, 2024, 702: 135126.

[79] Li Y X, Ren Z J, Zhang L N, et al. Multicolor fluorescent probe based on copper nanoclusters and organometallic frameworks for selective detection of aluminum ions[J]. Colloids and Surfaces A: Physicochemical and Engineering Aspects, 2024, 687: 133542.

[80] Li X, Xie S Y, Qin C, et al. Fructose-stabilized DNA-copper nanoclusters as a nanoprobe for the one-pot fluorometric detection of mercury ions[J]. Microchemical Journal, 2024, 197: 109859.

[81] Sabarinathan D, Sharma A S, Agyekum A A, et al. Thunnus albacares protein-mediated synthesis of water-soluble copper nanoclusters as sensitive fluorescent probe for Ferric ion detection[J]. Journal of Molecular Structure, 2022, 1254: 132333.

[82] Bai H Y, Tu Z Q, Liu Y T, et al. Dual-emission carbon dots-stabilized copper nanoclusters for ratiometric and visual detection of $Cr_2O_7^{2-}$ ions and Cd^{2+} ions[J]. Journal of Hazardous Materials, 2020, 386: 121654.

[83] Dong J X, Xiao K, Wu X L, et al. High quantum yield copper nanoclusters integrated with nitrogen-doped carbon dots for off-on ratiometric fluorescence sensing of S^{2-} and Zn^{2+}[J]. Talanta, 2025, 286: 127565.

[84] Shi Z Y, Hu B Y, Ge S Y, et al. Facile preparation of bimetallic Au-Cu nanoclusters as fluorescent nanoprobes for sensitive detection of Cr^{3+} and $S_2O_8^{2-}$ ions[J]. Spectrochimica Acta Part A: Molecular and Biomolecular Spectroscopy, 2023, 301: 122855.

[85] Zhang Q, Mei H, Zhou W T, et al. Cerium ion (Ⅲ) -triggered aggregation-induced emission of copper nanoclusters for trace-level *p*-nitrophenol detection in water[J]. Microchemical Journal, 2021, 162: 105842.

[86] Sun L L, Zheng X L, Yang H L, et al. A ratiometric fluorescence immunoassay based on Ce^{4+} oxidized *o*-phthalylenediamine and polyvinylpyrrolidone protected copper nanoclusters for the detection of aflatoxin B1[J]. Microchemical Journal, 2024, 206: 111427.

[87] Feng Y, Yuan J X, Yang X, et al. Developing an off-on fluorescence sensor based on red copper nanoclusters wrapped by sulfhydryl and polymer double ligands for sensitive detection of *N*-acetyl-L-cysteine[J]. Spectrochimica Acta Part A: Molecular and Biomolecular Spectroscopy, 2025, 324: 125008.

[88] Yang L Y, Liao Y P, Zhou Z Q. An "off-on" fluorescent probe for selective detection of glutathione based on 11-mercaptoundecanoic acid capped gold nanoclusters[J]. Optical Materials, 2023, 140: 113867.

[89] Thawari A G, Kumar P, Srivastava R, et al. Lysozyme coated copper nanoclusters for green fluorescence and their utility in cell imaging[J]. Materials Advances, 2020, 1: 1439-1447.

[90] Cao H Y, Chen Z H, Zheng H Z, et al. Copper nanoclusters as a highly sensitive and selective fluorescence sensor for ferric ions in serum and living cells by imaging[J]. Biosensors and Bioelectronics, 2014, 62: 189-195.

[91] Wang X, Li X B, Chen W F, et al. Phosphorus doped graphitic carbon nitride nanosheets as fluorescence probe for the detection of baicalein[J]. Spectrochimica Acta Part A: Molecular and Biomolecular Spectroscopy, 2018, 198: 1-6.

[92] Kuzmanović D, Stanković D M, Manojlović D, et al. Baicalein-main active flavonoid from Scutellaria baicalensis-voltammetric sensing in human samples using boron doped diamond electrode[J]. Diamond and Related Materials, 2015, 58: 35-39.

[93] Zhang D, Zhang Y, He L. Sensitive voltammetric determination of baicalein at thermally reduced graphene oxide modified glassy carbon electrode[J]. Electroanalysis, 2013, 25: 2136-2144.

[94] Wang Y, Zhang Y, Xiao J, et al. Simultaneous determination of baicalin, baicalein, wogonoside, wogonin, scutellarin, berberine, coptisine, ginsenoside Rb₁ and ginsenoside Re of Banxia xiexin decoction in rat plasma by LC-MS/MS and its application to a pharmacokinetic study[J].

Biomedical Chromatography, 2018, 32.

[95] Chen G, Zhang H W, Ye J N. Determination of baicalein, baicalin and quercetin in Scutellariae Radix and its preparations by capillary electrophoresis with electrochemical detection [J]. Talanta, 2000, 53: 471-479.

[96] Lin M C, Tsai M J, Wen K C. Supercritical fluid extraction of flavonoids from Scutellariae radix[J]. Journal of Chromatography A, 1999, 830: 387-395.

[97] Okamoto M, Ohta M, Kakamu H, et al. Evaluation of phenyldimethylethoxysilane treated high-performance thin-layer chromatographic plates application to analysis of flavonoids in Scutellariae radix[J]. Chromatographia, 1993, 35: 281-284.

[98] Zhang Y, Wang X, Wang L, et al. Interactions of the baicalin and baicalein with bilayer lipid membranes investigated by cyclic voltammetry and UV-vis spectroscopy[J]. Bioelectrochemistry, 2014, 95: 29-33.

[99] Qiao J T, Zhang Y L, Lei S, et al. Sensitive determination of baicalein based on functionalized graphene loaded RuO_2 nanoparticles modified glassy carbon electrode[J]. Talanta, 2018, 188: 714-721.

[100] Cheng H, Weng W J, Xie H, et al. Au-Pt@Biomass porous carbon composite modified electrode for sensitive electrochemical detection of baicalein[J]. Microchemical Journal, 2020, 154: 104602.

[101] Zhang J, Nan D Y, Pan S, et al. N, S co-doped carbon dots as a dual-functional fluorescent sensor for sensitive detection of baicalein and temperature[J]. Spectrochimica Acta Part A: Molecular and Biomolecular Spectroscopy, 2019, 221: 117161.

[102] An M, Li H, Su M, et al. Cu^{2+} enhanced fluorescent Ag nanoclusters with tunable emission from red to yellow and the application for Ag^+ sensing[J]. Spectrochimica Acta Part A: Molecular and Biomolecular Spectroscopy, 2021, 252: 119484.

[103] Pan T T, Zhou T, Tu Y F, et al. Turn-on fluorescence measurement of acid phosphatase activity through an aggregation-induced emission of thiolate-protected gold nanoclusters[J]. Talanta, 2021, 227: 122197.

[104] Cai Z F, Pang S L, Wu L L, et al. Highly sensitive and selective fluorescence sensing of nitrofurantoin based on water-soluble copper nanoclusters[J]. Spectrochimica Acta Part A: Molecular and Biomolecular Spectroscopy, 2021, 255: 119737.

[105] Tang J X, Wang T, Li Q. Silver nanocluster-lightened catalytic hairpin assembly for enzyme-free and label-free mRNA detection[J]. Microchemical Journal, 2021, 165: 106184.

[106] Bai Y F, Liu J, Feng F, et al. Synthesis of folic acid-mediated copper nanoclusters for the detection of sulfadiazine sodium[J]. Colloids and Surfaces A: Physicochemical and Engineering Aspects, 2020, 605: 125376.

[107] Guo Y Y, Cai Z F. Ascorbic acid stabilized copper nanoclusters as fluorescent probes for selective detection of tetracycline[J]. Chemical Physics Letters, 2020, 759: 138048.

[108] Lian N, Zhang Y H, Liu D, et al. Copper nanoclusters as a turn-on fluorescent probe for sensitive and selective detection of quinolones[J]. Microchemical Journal, 2021, 164: 105989.

[109] Cai Z F, Wu L L, Qi K F, et al. Blue-emitting glutathione-capped copper nanoclusters as fluorescent probes for the highly specific biosensing of furazolidone[J]. Spectrochimica Acta Part A: Molecular and Biomolecular Spectroscopy, 2021, 247: 119145.

[110] Kong B Y, Cao Y J, Yu Y L, et al. Synthesis of sodium thiosulfate-reduced copper nanoclusters using bovine serum albumin as a template and their applications in the fluorometric detection of minocycline[J]. Microchemical Journal, 2020, 159: 105388.

[111] Wang X, Liu Y N, Wang Q Z, et al. Nitrogen, silicon co-doped carbon dots as the fluorescence nanoprobe for trace *p*-nitrophenol detection based on inner filter effect[J]. Spectrochimica Acta Part A: Molecular and Biomolecular Spectroscopy, 2021, 244: 118876.

[112] Cai Z F, Zhu R T, Zhang S, et al. A highly sensitive and selective "turn off" fluorescent sensor based on water soluble copper nanoclusters for morin and temperature sensing[J]. Journal of Luminescence, 2021, 236: 118108.

[113] Hao W M, Zhao L, Li X Q, et al. Cu nanoclusters incorporated mesoporous TiO_2 nanoparticles: An efficient and stable noble metal-free photocatalyst for light driven H_2 generation[J]. International Journal of Hydrogen Energy, 2021, 46: 6461-6473.

[114] Chai Y L, Gao Z B, Li Z, et al. A novel fluorescent nanoprobe that based on poly (thymine) single strand DNA-templated copper nanocluster for the detection of hydrogen peroxide[J]. Spectrochimica Acta Part A: Molecular and Biomolecular Spectroscopy, 2020, 239: 118546.

[115] Xie Y, Zhang T, Chen Y, et al. Fabrication of core-shell magnetic covalent organic frameworks composites and their application for highly sensitive detection of luteolin[J]. Talanta, 2020, 213: 120843.

[116] Gao F, Tu X, Ma X, et al. NiO@Ni-MOF nanoarrays modified Ti mesh as ultrasensitive electrochemical sensing platform for luteolin detection[J]. Talanta, 2020, 215: 120891.

[117] Zeng Q, Chen J, Gao F, et al. Development of a new electrochemical sensing platform based on MoO_3-polypyrrole nanowires/MWCNTs composite and its application to luteolin detection[J]. Synthetic Metals, 2021, 271: 116620.

[118] Ma Y, Kong Y, Xu J, et al. Carboxyl hydrogel particle film as a local pH buffer for voltammetric determination of luteolin and baicalein[J]. Talanta, 2020, 208: 120373.

[119] Šibul F, Orčić D, Berežni S, et al. HPLC-MS/MS profiling of wild-growing scentless chamomile[J]. Acta Chromatographica, 2020, 32: 86-94.

[120] Baranowska I, Raróg D. Application of derivative spectrophotometry to determination of flavonoid mixtures[J]. Talanta, 2001, 55: 209-212.

[121] Li Y Y, Zhang Q F, Sun H, et al. Simultaneous determination of flavonoid analogs in *Scutellariae Barbatae Herba* by β-cyclodextrin and acetonitrile modified capillary zone electrophoresis[J]. Talanta, 2013, 105: 393-402.

[122] Wei M, Geng X, Liu Y, et al. A novel electrochemical sensor based on electropolymerized molecularly imprinted polymer for determination of luteolin[J]. Journal of Electroanalytical Chemistry, 2019, 842: 184-192.

[123] Tang J, Huang R, Zheng S, et al. A sensitive and selective electrochemical sensor based on

graphene quantum dots/gold nanoparticles nanocomposite modified electrode for the determination of luteolin in peanut hulls[J]. Microchemical Journal, 2019, 145: 899-907.

[124] Niu X, Huang Y, Zhang W, et al. Synthesis of gold nanoflakes decorated biomass-derived porous carbon and its application in electrochemical sensing of luteolin[J]. Journal of Electroanalytical Chemistry, 2020: 114832.

[125] Hu X, Wang W, Huang Y. Copper nanocluster-based fluorescent probe for sensitive and selective detection of Hg^{2+} in water and food stuff[J]. Talanta, 2016, 154: 409-415.

[126] Vandarkuzhali S A A, Jeyalakshmi V, Sivaraman G, et al. Highly fluorescent carbon dots from pseudo-stem of banana plant: Applications as nanosensor and bio-imaging agents[J]. Sensors and Actuators B: Chemical, 2017, 252: 894-900.

[127] Cao H, Chen Z, Huang Y. Copper nanocluster coupling europium as an off-to-on fluorescence probe for the determination of phosphate ion in water samples[J]. Talanta, 2015, 143: 450-456.

[128] Wang Z, Chen B, Rogach A L. Synthesis, optical properties and applications of light-emitting copper nanoclusters[J]. Nanoscale Horizons, 2017, 2: 135-146.

[129] Han B, Xiang R, Hou X, et al. One-step rapid synthesis of single thymine-templated fluorescent copper nanoclusters for "turn on" detection of Mn^{2+}[J]. Analytical Methods, 2017, 9: 2590-2595.

[130] Tang Q, Yang T, Huang Y. Copper nanocluster-based fluorescent probe for hypochlorite[J]. Microchimica Acta, 2015, 182: 2337-2343.

[131] Vidal N V, Blanco M C, López-Quintela M, et al. Electrochemical synthesis of very stable photoluminescent copper clusters[J]. Journal of Physical Chemistry C, 2010, 114: 15924-15930.

[132] Huang H, Li H, Feng J J, et al. One-pot green synthesis of highly fluorescent glutathione-stabilized copper nanoclusters for Fe^{3+} sensing[J]. Sensors and Actuators B: Chemical, 2017, 241: 292-297.

[133] Zou H Y, Lan J, Huang C Z. Dopamine derived copper nanocrystals used as an efficient sensing, catalysis and antibacterial agent[J]. RSC Advances, 2015, 5: 55832-55838.

[134] Lin L, Rong M, Lu S, et al. A facile synthesis of highly luminescent nitrogen-doped graphene quantum dots for the detection of 2, 4, 6-trinitrophenol in aqueous solution[J]. Nanoscale, 2015, 7: 1872-1878.

[135] Sadhanala H K, Nanda K K. Boron and nitrogen co-doped carbon nanoparticles as photoluminescent probes for selective and sensitive detection of picric acid[J]. The Journal of Physical Chemistry C, 2015, 119: 13138-13143.

[136] Wu J, Xing H, Tang D, et al. Simultaneous determination of nine flavonoids in beagle dog by HPLC with DAD and application of Ginkgo biloba extracts on the pharmacokinetic[J]. Acta Chromatographica, 2012, 24: 627-642.

[137] Wang W, Lin P, Ma L, et al. Separation and determination of flavonoids in three traditional chinese medicines by capillary electrophoresis with amperometric detection[J]. Journal of

Separation Science, 2016, 39: 1357-1362.

[138] Lu D B, Lin S X, Wang L T, et al. Sensitive detection of luteolin based on poly (diallyldimethylammonium chloride) -functionalized graphene-carbon nanotubes hybrid/β-cyclodextrin composite film[J]. Journal of Solid State Electrochemistry, 2014, 18: 269-278.

[139] Rajamanikandan R, Ilanchelian M. Protein-localized bright-red fluorescent gold nanoclusters as cyanide-selective colorimetric and fluorometric nanoprobes[J]. ACS Omega, 2018, 3: 14111-14118.

[140] Rajamanikandan R, Ilanchelian M. Fluorescence sensing approach for high specific detection of 2, 4, 6-trinitrophenol using bright cyan blue color-emittive poly (vinylpyrrolidone) -supported copper nanoclusters as a fluorophore[J]. ACS Omega, 2018, 3: 18251-18257.

[141] Zheng X J, Liang R P, Li Z J, et al. One-step, stabilizer-free and green synthesis of Cu nanoclusters as fluorescent probes for sensitive and selective detection of nitrite ions[J]. Sensors and Actuators B: Chemical, 2016, 230: 314-319.

[142] John S A, Shanmugaraj K. Inner filter effect based selective detection of picric acid in aqueous solution using green luminescent copper nanoclusters[J]. New Journal of Chemistry, 2018, 42: 7223-7229.

[143] Chen S, Yu Y L, Wang J H. Inner filter effect-based fluorescent sensing systems: A review[J]. Analytica Chimica Acta, 2018, 999: 13-26.

[144] Shao C, Li C, Zhang C, et al. Novel synthesis of orange-red emitting copper nanoclusters stabilized by methionine as a fluorescent probe for norfloxacin sensing[J]. Spectrochimica Acta Part A: Molecular and Biomolecular Spectroscopy, 2020, 236: 118334.

[145] Feng T, Chen Y, Feng B, et al. Fluorescence red-shift of gold-silver nanoclusters upon interaction with cysteine and its application[J]. Spectrochimica Acta Part A: Molecular and Biomolecular Spectroscopy, 2019, 206: 97-103.

[146] Huang Y, Zhang H, Xu X, et al. Fast synthesis of porous copper nanoclusters for fluorescence detection of iron ions in water samples[J]. Spectrochimica Acta Part A: Molecular and Biomolecular Spectroscopy, 2018, 202: 65-69.

[147] Zhang W, Liu S, Han L, et al. Copper nanoclusters with strong fluorescence emission as a sensing platform for sensitive and selective detection of picric acid[J]. Analytical Methods, 2018, 10: 4251-4256.

[148] Liu M L, Chen B B, Yang T, et al. One-pot carbonization synthesis of europium-doped carbon quantum dots for highly selective detection of tetracycline[J]. Methods and Applications in Fluorescence, 2017, 5: 015003.

[149] Yan C X, Yang Y, Zhou J L, et al. Antibiotics in the surface water of the Yangtze Estuary: Occurrence, distribution and risk assessment[J]. Environmental Pollution, 2013, 175: 22-29.

[150] Shen L, Chen J, Li N, et al. Rapid colorimetric sensing of tetracycline antibiotics with in situ growth of gold nanoparticles[J]. Analytica Chimica Acta, 2014, 839: 83-90.

[151] Qi M Y, Tu C Y, Dai Y Y, et al. A simple colorimetric analytical assay using gold nanoparticles for specific detection of tetracycline in environmental water samples[J].

Analytical Methods, 2018, 10: 3402-3407.

[152] Daghrir R, Drogui P. Tetracycline antibiotics in the environment: a review [J]. Environmental Chemistry Letters 2013, 11: 209-227.

[153] Li W H, Shi Y L, Gao L H, et al. Occurrence, distribution and potential affecting factors of antibiotics in sewage sludge of wastewater treatment plants in China[J]. Science of The Total Environment, 2013, 445-446: 306-313.

[154] Iadarola P, Fumagalli M, Bardoni A M, et al. Recent applications of CE- and HPLC-MS in the analysis of human fluids[J]. Electrophoresis, 2016, 37: 212-230.

[155] Liu X, Zheng S, Hu Y, et al. Electrochemical immunosensor based on the chitosan-magnetic nanoparticles for detection of tetracycline[J]. Food Analytical Methods, 2016, 9: 2972-2978.

[156] Zhang L, Chen L G. Fluorescence probe based on hybrid mesoporous silica/quantum dot/molecularly imprinted polymer for detection of tetracycline[J]. ACS Applied Materials & Interfaces, 2016, 8: 16248-16256.

[157] Zeng W S, Zhu C Y, Liu H C, et al. Ultrasensitive chemiluminescence of tetracyclines in the presence of MCLA[J]. Journal of Luminescence, 2017, 186: 158-163.

[158] Liu H, Wang Y, Zhang L H, et al. Fluorescent silver nanoclusters as probes for selective recognition of DNA CGG trinucleotide repeat[J]. Materials Letters, 2015, 139: 265-267.

[159] Yao Q F, Yu Y, Yuan X, et al. Counterion-assisted shaping of nanocluster supracrystals[J]. Angewandte Chemie, 2015, 54: 184-189.

[160] Qiao G X, Liu L, Hao X X, et al. Signal transduction from small particles: Sulfur nanodots featuring mercury sensing, cell entry mechanism and *in vitro* tracking performance[J]. Chemical Engineering Journal, 2020, 382: 122907.

[161] Wang Z S, Lin J T, Gao J W, et al. Two optically active molybdenum disulfide quantum dots as tetracycline sensors[J]. Materials Chemistry and Physics, 2016, 178: 82-87.

[162] Deng H H, Li K L, Zhuang Q Q, et al. An ammonia-based etchant for attaining copper nanoclusters with green fluorescence emission[J]. Nanoscale, 2018, 10: 6467-6473.

[163] Lee K M, Yarbrough D, Kozman M M, et al. Rapid detection and prediction of chlortetracycline and oxytetracycline in animal feed using surface-enhanced Raman spectroscopy (SERS) [J]. Food Control, 2020, 114: 107243.

[164] Shanoy A C, Subbiah S, Gentles A, et al. Qualitative and quantitative drug residue analyses: Chlortetracycline in whitetailed deer (*Odocoileus virginianus*) and supermarket meat by liquid chromatography tandem-mass spectrometry[J]. Journal of Chromatography B, 2018, 1092: 237-243.

[165] Nilghaz A, Lu X. Detection of antibiotic residues in pork using paper-based microfluidic device coupled with filtration and concentration[J]. Analytica Chimica Acta, 2019, 1046: 163-169.

[166] Cammilleri G, Pulvirenti A, Vella A, et al. Tetracycline residues in bovine muscle and liver samples from sicily (Southern Italy) by LC-MS/MS method: A six-year study[J]. Molecules, 2019, 24: 695.

[167] Han J, Jiang D, Chen T, et al. Simultaneous determination of olaquindox, oxytetracycline and chlorotetracycline in feeds by high performance liquid chromatography with ultraviolet and fluorescence detection adopting online synchronous derivation and separation[J]. Journal of Chromatography B, 2020, 1152: 122253.

[168] Li N, Han S, Zhang C, et al. Detection of chlortetracycline hydrochloride in milk with a solid SERS substrate based on self-assembled gold nanobipyramids[J]. Analytical Sciences, 2020, 36: 935-940.

[169] Chen Y, Kong D, Liu L, et al. Development of an ELISA and immunochromatographic assay for tetracycline, oxytetracycline, and chlorotetracycline residues in milk and honey based on the class-specific monoclonal antibody[J]. Food Analytical Methods, 2016, 9: 905-914.

[170] Katz S E, Ragheb H S, Black L B. Evaluation of AOAC microbial diffusion procedure for analysis of chlortetracycline in high mineral feeds[J]. Journal of the Association of Official Analytical Chemists, 1987, 70: 788-791.

[171] Li Z Y, Wang Q H, Zhou Z X, et al. Green synthesis of carbon quantum dots from corn stalk shell by hydrothermal approach in near-critical water and applications in detecting and bioimaging[J]. Microchemical Journal, 2021, 166: 106250.

[172] Tan A Z, Yang G H, Wan X J. Ultra-high quantum yield nitrogen-doped carbon quantum dots and their versatile application in fluorescence sensing, bioimaging and anti-counterfeiting[J]. Spectrochimica Acta Part A: Molecular and Biomolecular Spectroscopy, 2021, 253: 119583.

[173] Alaghmandfard A, Sedighi O, Rezaei N T, et al. Recent advances in the modification of carbon-based quantum dots for biomedical applications [J]. Materials Science & Engineering C, 2021, 120: 111756.

[174] Park S W, Kim T E, Jung Y K. Glutathione-decorated fluorescent carbon quantum dots for sensitive and selective detection of levodopa[J]. Analytica Chimica Acta, 2021, 1165: 338513.

[175] Zhang Z T, Fan Z F. Application of cerium-nitrogen co-doped carbon quantum dots to the detection of tetracyclines residues and bioimaging[J]. Microchemical Journal, 2021, 165: 106139.

[176] Zhou T, Su Z, Tu Y F, et al. Determination of dopamine based on its enhancement of gold-silver nanocluster fluorescence[J]. Spectrochimica Acta Part A: Molecular and Biomolecular Spectroscopy, 2021, 252: 119519.

[177] Zhang S, Wang Z, Yan W Y, et al. Novel luteolin sensor of tannic acid-stabilized copper nanoclusters with blue-emitting fluorescence[J]. Spectrochimica Acta Part A: Molecular and Biomolecular Spectroscopy, 2021, 259: 119887.

[178] Hou L J, Feng J, Wang Y B, et al. Single fluorescein-based probe for selective colorimetric and fluorometric dual sensing of Al^{3+} and Cu^{2+}[J]. Sensors and Actuatators B, 2017, 247: 451-460.

[179] Liu K K, Zhang L N, Zhu L N, et al. A water-soluble, cationic bis-porphyrin exhibiting a more sensitive fluorescent response to Cu^{2+} relative to its monomeric counterpart[J]. Sensor. Actuat. B, 2017, 247: 179-187.

[180] Wang C J, Shi H X, Yang M, et al. Biocompatible sulfur nitrogen co-doped carbon quantum dots for highly sensitive and selective detection of dopamine[J]. Colloid. Surface. B, 2021, 205: 111874.

[181] Zhang Z, Wang Z X, Pang Y T, et al. Highly fluorescent carbon dots from coix seed for the determination of furazolidone and temperature[J]. Spectrochimica Acta Part A: Molecular and Biomolecular Spectroscopy, 2021, 260: 119969.

[182] Zhang H F, Zhou Q, Han X, et al. Nitrogen-doped carbon dots derived from hawthorn for the rapid determination of chlortetracycline in pork samples[J]. Spectrochimica Acta Part A: Molecular and Biomolecular Spectroscopy, 2021, 255: 119736.

[183] Zhang W, Li X, Liu Q, et al. Nitrogen-doped carbon dots from rhizobium as fluorescence probes for chlortetracycline hydrochloride[J]. Nanotechnology, 2020, 31: 445501.

[184] Liu Z, Hou J, Wang X, et al. A novel fluorescence probe for rapid and sensitive detection of tetracyclines residues based on silicon quantum dots[J]. Spectrochim. Acta. A, 2020, 240: 1386-1425.

[185] Li C, Yang W, Zhang X, et al. A 3D hierarchical dualmetal-organic framework heterostructure up-regulating the preconcentration effect for ultrasensitive fluorescence detection of tetracycline antibiotics[J]. J. Mater. Chem. C, 2020, 8: 2054-2064.

[186] Mo F Y, Ma Z Y, Wu T T, et al. Holey reduced graphene oxide inducing sensitivity enhanced detection nanoplatform for cadmium ions based on glutathione-gold nanocluster[J]. Sensor. Actuat. B, 2019, 281: 486-492.

[187] Ma Z Y, Sun Y, Xie J W, et al. Facile preparation of MnO_2 quantum dots with enhanced fluorescence via microenvironment engineering with the assistance of some reductive biomolecules[J]. ACS Appl. Mater. Interfaces, 2020, 12: 15919-15927.

[188] Hou W L, Chen Y, Lu Q J, et al. Silver ions enhanced AuNCs fluorescence as a turn-off nanoprobe for ultrasensitive detection of iodide[J]. Talanta, 2018, 180, 144-149.

[189] Shao C Y, Xiong S X, Cao X, et al. Dithiothreitol-capped red emitting copper nanoclusters as highly effective fluorescent nanoprobe for cobalt (II) ions sensing[J]. Microchemical Journal, 2021, 163: 105922.

[190] Cao N, Xu J M, Zhou H M, et al. A fluorescent sensor array based on silver nanoclusters for identifying heavy metal ions[J]. Microchemical Journal, 2020, 159: 105406.

[191] Wang D W, Jiang S H, Liang Y Y, et al. Selective detection of enrofloxacin in biological and environmental samples using a molecularly imprinted electrochemiluminescence sensor based on functionalized copper nanoclusters[J]. Talanta, 2022, 236: 122835.

[192] Mao X X, Liu S Y, Yang C, et al. Colorimetric detection of hepatitis B virus (HBV) DNA based on DNA-templated copper nanoclusters[J]. Anal. Chim. Acta, 2016, 909: 101-108.

[193] Borghei Y S, Hosseini M, Ganjali M R. Fluorescence based turn-on strategy for determination of microRNA-155 using DNA-templated copper nanoclusters[J]. Microchim. Acta, 2017, 184: 2671-2677.

[194] Li M T, Zhu N W, Zhu W, et al. Enhanced emission and higher stability ovalbumin-stabilized

gold nanoclusters (OVA-AuNCs) modified by polyethyleneimine for the fluorescence detection of tetracyclines[J]. Microchemical Journal, 2021, 169: 106560.

[195] Wang Y, Chen T X, Zhuang Q F, et al. One-pot aqueous synthesis of nucleoside-templated fluorescent copper nanoclusters and their application for discrimination of nucleosides[J]. ACS Appl. Mater. Interfaces, 2017, 9: 32135-32141.

[196] Cang J S, Wang C W, Chen P C, et al. Control of pH for separated quantitation of nitrite and cyanide ions using photoluminescent copper nanoclusters[J]. Anal. Methods, 2017, 9: 5254-5259.

[197] Aparna R S, Syamchand S S, George S. Tannic acid stabilised copper nanocluster developed through microwave mediated synthesis as a fluorescent probe for the turn on detection of dopamine[J]. J. Clust. Sci., 2017, 28: 2223-2238.

[198] Li X, Zhang X D, Cao H Y, et al. Tb^{3+} tuning AIE self-assembly of copper nanoclusters for sensitively sensing trace fluoride ions[J]. Sensor. Actuator. B, 2021, 342: 130071.

[199] Guo Y Y, Shi S X, Fan C Y, et al. Fluorescent determination of fluazinam with polyethyleneimine-capped copper nanoclusters[J]. Chemical Physics Letters, 2020, 754, 137748.

[200] Li R Y, Jiang Y H, Wang Q S, et al. Serine and histidine-functionalized graphene quantum dot with unique double fluorescence emission as a fluorescent probe for highly sensitive detection of carbendazim[J]. Sensor. Actuat. B-Chem., 2021, 343: 130099.

[201] Zhang K Y, Sang Y X, Gao Y D, et al. A fluorescence turn-on CDs-AgNPs composites for highly sensitive and selective detection of Hg^{2+}[J]. Spectrochim. Acta. A, 2022, 264: 120281.

[202] Li W J, Liu D, Bi X Y, et al. Enzyme-triggered inner filter effect on the fluorescence of gold nanoclusters for ratiometric detection of mercury (II) ions via a dual-signal responsive logic[J]. Sensor. Actuat. A, 2020, 302: 111794.

[203] Xiao N, Liu S G, Mo S, et al. Highly selective detection of p-nitrophenol using fluorescence assay based on boron, nitrogen co-doped carbon dots[J]. Talanta, 2018, 184: 184-192.

[204] Fan Y Z, Zhang Y, Li N, et al. A facile synthesis of water-soluble carbon dots as a label-free fluorescent probe for rapid, selective and sensitive detection of picric acid[J].Sensors and Actuators B: Chemical, 2017, 240: 949-955.

[205] Liu L Z, Mi Z, Guo Z Y, et al. A label-free fluorescent sensor based on carbon quantum dots with enhanced sensitive for the determination of myricetin in real samples[J]. Microchemical Journal, 2020, 157: 104956.

[206] Qian S, Qiao L, Xu W, et al. An inner filter effect-based nearinfrared probe for the ultrasensitive detection of tetracyclines and quinolones[J]. Talanta, 2019, 194: 598-603.

[207] Liu H, Xu C, Bai Y, et al. Interaction between fluorescein isothiocyanate and carbon dots: inner filter effect and fluorescence resonance energy transfer[J]. Spectrochimica Acta Part A: Molecular and Biomolecular Spectroscopy, 2017, 171: 311-316.

[208] Gauthler T D, Shane E C, Guerln W F, et al. Fluorescence quenching method for determining equilibrium constants for polycyclic aromatic hydrocarbons binding to dissolved humic materials[J]. Environ. Sci. Technol., 1986, 20: 1162-1166.

[209] Liu J, Chen Y, Wang W, et al. "Switch-on" fluorescent sensing of ascorbic acid in food samples based on carbon quantum dots-MnO_2 probe[J]. Journal of Agricultural and Food Chemistry, 2016, 64: 371-380.

[210] Zhang Z, Liu Y, Yan Z, et al. Simultaneous determination of temperature and erlotinib by novel carbon-based sensitive nanoparticles[J]. Sensors and Actuators B: Chemical, 2018, 255: 986-994.

[211] Cui Z K, Guo S S, Yan J H, et al. BiOBr nanosheets with oxygen vacancies and lattice strain for enhanced photoelectronchemical sensing of doxycycline[J]. Applied Surface, Science, 2020, 512: 145695-145703.

[212] Wang T, Liu M H, Huang S G, et al. Surface enhanced Raman spectroscopy method for classification of doxycycline hydrochloride and tylosin in duck meat using gold nanoparticles[J]. Poultry Science, 2021, 100: 101165.

[213] Mileva R, Rusenov A, Milanova A. Population pharmacokinetic modelling of orally administered doxycycline to rabbits at different ages[J]. Antibiotics-Basel, 2021, 10: 310.

[214] Huang S Y, Yu L, Su P C, et al. Surface enhanced FRET for sensitive and selective detection of doxycycline using organosilicon nanodots as donors[J]. Analytica Chimica Acta, 2022, 1197: 339530.

[215] Ashuo A, Zou W J, Fu J J, et al. High throughput detection of antibiotic residues in milk by time-resolved fluorescence immunochromatography based on QR code[J]. Food Additives and Contaminants Part A-Chemistry Analysis Control Exposure & Risk Assessment, 2020, 37: 1481-1490.

[216] Li D, Li N, Zhao L, et al. Colorimetric and fluorescent dual-mode measurement of blood glucose by organic silicon nanodots[J]. ACS Applied Nano Materials, 2020, 3: 11600-11607.

[217] Xu X W, Huang L Y, Wu Y J, et al. A novel nanostructured organic framework sensor for selective and sensitive detection of doxycycline based on fluorescence enhancement[J]. Spectrochimica Acta Part A: Molecular and Biomolecular Spectroscopy, 2023, 288: 122143.

[218] Song Y, Qiao J, Liu W, et al. Enhancement of gold nanoclusters-based peroxidase nanozymes for detection of tetracycline[J]. Microchemical Journal, 2020, 157.

[219] Ding L, Cao Y T, Li H H, et al. A ratiometric fluorescence-scattering sensor for rapid, sensitive and selective detection of doxycycline in animal foodstuffs[J]. Food Chemistry, 2022, 373: 131669.

[220] Tang S Y, Chen D, Li X M, et al. Promising energy transfer system between fuorine and nitrogen co-doped graphene quantum dots and rhodamine B for ratiometric and visual detection of doxycycline in food[J]. Food Chemistry, 2022, 388: 132936.

[221] Long L L, Yuan F, Yang X R, et al. On-site discrimination of biothiols in biological fluids by a novel fluorescent probe and a portable fluorescence detection device[J]. Sensors and Actuators B: Chemical, 2022, 369: 132211.

[222] Yu Q Y, Peng Y, Cao Q, et al. Pyridinaldehyde modified luminescence metal-organic framework for highly sensitive and selective fluorescence detection of pyrophosphate[J].

Sensors and Actuators B: Chemical, 2022, 365: 131949.

[223] Qiu J Y, Na L H, Li Y M, et al. N, S-GQDs mixed with CdTe quantum dots for ratiometric fluorescence visual detection and quantitative analysis of malachite green in fish[J]. Food Chemistry, 2022, 390: 133156.

[224] Zheng X, Chen Q M, Zhang Z X, et al. An aggregation-induced emission copper nanoclusters fluorescence probe for the sensitive detection of tetracycline[J]. Microchemical Journal, 2022, 180: 107570.

[225] Feng Y Q, Li R X, Zhou P, et al. Non-toxic carbon dots fluorescence sensor based on chitosan for sensitive and selective detection of Cr(Ⅵ) in water[J]. Microchemical Journal, 2022, 180: 107627.

[226] Yin B J, Zhang S Q, Chen H R, et al. A cationic organic dye based on coumarin fluorophore for the detection of N_2H_4 in water and gas[J]. Sensors and Actuators B: Chemical, 2021, 344: 130225.

[227] Zhang X Y, Ma Q Q, Liu X F, et al. A turn-off Eu-MOF@Fe^{2+} sensor for the selective and sensitive fluorescence detection of bromate in wheat flour[J]. Food Chemistry, 2022, 382: 132379.

[228] Wang K, Dong E F, Fang M, et al. Construction of ratio fluorescence sensor based on CdTe quantum dots and benzocoumarin-3-carboxylic acid for Hg^{2+} detection[J]. Chinese Journal of Analytical Chemistry, 2022, 50: 100070.

[229] Du Y T, Yi D, Wang X. Carbon-rehybridization-induced templated growth of metal nanoclusters on graphene moiré patterns[J]. Carbon, 2022, 192: 295-300.

[230] Mohandoss S, Palanisamy S, You S G, et al. Synthesis of cyclodextrin functionalized photoluminescent metal nanoclusters for chemoselective Fe^{3+} ion detection in aqueous medium and its applications of paper sensors and cell imaging[J]. Journal of Molecular Liquids, 2022, 356: 118999.

[231] Panthi G, Park M. Synthesis of metal nanoclusters and their application in Hg^{2+} ions detection: A review[J]. Journal of Hazardous Materials, 2022, 424: 127565.

[232] Xi H Y, Li N, Shi Z Q, et al. A three-dimensional "turn-on" sensor array for simultaneous discrimination of multiple heavy metal ions based on bovine serum albumin hybridized fluorescent gold nanoclusters[J]. Analytica Chimica Acta, 2022, 1220: 340023.

[233] Guo Y Y, Hu Y R, Chen S K, et al. Facile one-pot synthesis of tannic acid-stabilized fluorescent copper nanoclusters and its application as sensing probes for chlortetracycline based on inner filter effect[J]. Colloids and Surfaces A: Physicochemical and Engineering Aspects, 2022, 634: 127962.

[234] Bener M, Sen F B, Apak R. Protamine gold nanoclusters-based fluorescence turn-on sensor for rapid determination of trinitrotoluene (TNT) [J]. Spectrochimica Acta Part A: Molecular and Biomolecular Spectroscopy, 2022, 279: 121462.

[235] Cai Z F, Wang X S, Li H Y, et al. One-step synthesis of blue emission copper nanoclusters for the detection of furaltadone and temperature[J]. Spectrochimica Acta Part A: Molecular

and Biomolecular Spectroscopy, 2022, 279: 121408.

[236] Guo Y Y, Li W J, Guo P Y, et al. One facile fluorescence strategy for sensitive determination of baicalein using trypsin-templated copper nanoclusters[J]. Spectrochimica Acta Part A: Molecular and Biomolecular Spectroscopy, 2022, 268: 120689.

[237] Singh R, Majhi S, Sharma K, et al. BSA stabilized copper nanoclusters as a highly sensitive and selective probe for fluorescence sensing of Fe^{3+} ions[J]. Chemical Physics Letters, 2022, 787: 139226.

[238] Li Z M, Pi T, Yang K F, et al. Label-free fluorescence strategy for methyltransferase activity assay based on poly-thymine copper nanoclusters engineered by terminal deoxynucleotidyl transferase[J]. Spectrochimica Acta Part A: Molecular and Biomolecular Spectroscopy, 2021, 260: 119924.

[239] Cai Z, Pang S, Ma X, et al. One-pot green and simple synthesis of polyvinyl pyrrolidone capped for copper nanoclusters for high selectivity sensing of fluazinam[J]. Micro & Nano Letters, 2020, 15: 606–609.

[240] Hu X, Cao H Y, Dong W F, et al. Ratiometric fluorescent sensing of ethanol based on copper nanoclusters with tunable dual emission[J]. Talanta, 2021, 233: 122480.

[241] Yan F, Zu F, Xu J, et al. Fluorescent carbon dots for ratiometric detection of curcumin and ferric ion based on inner filter effect, cell imaging and PVDF membrane fouling research of iron flocculants in wastewater treatment[J]. Sensors and Actuators B: Chemical, 2019, 287: 231-240.

[242] Gu W, Pei X, Cheng Y, et al. Black phosphorus quantum dots as the ratiometric fluorescence probe for trace mercury ion detection based on inner filter effect[J]. ACS Sensors, 2017, 2: 576-582.

[243] Xiang X, Zhang Z, Han L, et al. Fluorescence switching sensor for sensitive detection of sinapine using carbon quantum dots[J]. Sensors and Actuators B: Chemical, 2017, 241: 482-488.

[244] Bi S Y, Shao D, Yuan Y, et al. Sensitive surface-enhanced Raman spectroscopy (SERS) determination of nitrofurazone by β-cyclodextrin-protected AuNPs/γ-Al_2O_3 nanoparticles[J]. Food Chemistry, 2022, 370: 131059.

[245] Cai S X, Jiao T H, Wang L, et al. Electrochemical sensing of nitrofurazone on Ru(bpy)$_3^{2+}$ functionalized polyoxometalate combined with graphene modified electrode[J]. Food Chemistry, 2022, 378: 132084.

[246] Nie Z H, Lu L, Zheng M Y, et al. A new 2D Zn(II) coordination polymer as luminescent probe for highly selective detection of nitrofurazone[J]. Journal of Molecular Structure, 2021, 1245: 131264.

[247] Wang H L, Pei F B, Liu C, et al. Efficient detection for Nitrofurazone based on novel Ag_2S QDs/g-C_3N_4 fluorescent probe[J]. Spectrochimica Acta Part A: Molecular and Biomolecular Spectroscopy, 2022, 269: 120727.

[248] Chen W B, Tu X J, Guo X Q. Fluorescent gold nanoparticles-based fluorescence sensor for

Cu^{2+} ions[J]. Chemical Communications, 2009: 1736-1738.

[249] Zhou T Y, Rong M C, Cai Z M, et al. Sonochemical synthesis of highly fluorescent glutathione-stabilized Ag nanoclusters and S^{2-} sensing[J]. Nanoscale, 2012, 4: 4103-4106.

[250] Yu C J, Chen T H, Jiang J Y, et al. Tseng, lysozyme-directed synthesis of platinum nanoclusters as a mimic oxidase[J]. Nanoscale, 2014, 6: 9618-9624.

[251] Zhang J, Li J, Zhang J X, et al. Aqueous synthesis of ZnSe nanocrystals by using glutathione as ligand: the pH-mediated coordination of Zn^{2+} with glutathione[J]. The Journal of Physical Chemistry C, 2010, 114: 11087-11091.

[252] Yang J, Zhang W H, Hu Y P, et al. Aqueous synthesis and characterization of glutathione-stabilized β-HgS nanocrystals with near-infrared photoluminescence[J]. Journal of Colloid and Interface Science, 2012, 379: 8-13.

[253] Ensafi A A, Sohrabi M, Jafari-Asl M, et al. Selective and sensitive furazolidone biosensor based on DNA-modified TiO$_2$-reduced graphene oxide[J]. Appl. Surf. Sci., 2015, 356: 301-307.

[254] Liu Y, Peng D P, Huang L L, et al. Application of a modified enzyme-linked immunosorbent assay for 3-amino-2-oxazolidinone residue in aquatic animals[J]. Anal. Chim. Acta, 2010, 664: 151-157.

[255] Le T, Xie Y, Zhu L Q, et al. Rapid and sensitive detection of 3-amino-2-oxazolidinone using a quantum dot-based immunochromatographic fluorescent biosensor[J]. J. Agric. Food Chem., 2016, 64: 8678-8683.

[256] McCracken R J, Kennedy D G. Determination of the furazolidone metabolite, 3-amino-2-oxazolidinone, in porcine tissues using liquid chromatography thermospray mass spectrometry and the occurrence of residues in pigs produced in Northern Ireland[J]. J. Chromatogr. B, 1997, 691: 87-94.

[257] Kim D, Kim B, Hyung S W, et al. An optimized method for the accurate determination of nitrofurans in chicken meat using isotope dilution-liquid chromatography/mass spectrometry[J]. J. Food Compos. Anal., 2015, 40: 24-31.

[258] Laurensen J J, Nouws J F. Simultaneous determination of nitrofuran derivatives in various animal substrates by high-performance liquid chromatography[J]. J. Chromatogr., 1989, 472: 321-326.

[259] Diaz T G, Cabanillas A G, Valenzuela M I A, et al. Determination of nitrofurantoin, furazolidone and furaltadone in milk by high-performance liquid chromatography with electrochemical detection[J]. J. Chromatogr. A, 1997, 64: 243-248.

[260] Zhang Y Y, Huang Y Q, Zhai F L, et al. Analyses of enrofloxacin, furazolidone and malachite green in fish products with surface-enhanced Raman spectroscopy[J]. Food Chem., 2012, 135: 845–850.

[261] Parham H, Esfahani B A. Determination of furazolidone in urine by squarewave voltammetric method[J]. J. Iran. Chem. Soc., 2008, 5: 453-457.

[262] Tiwari D C, Jain R, Sharma S. Electrochemically deposited polyaniline/polypyrrole polymer film modified electrodes for determination of furazolidone drug[J]. J. Sci. Ind. Res., 2007, 66:

1011-1018.

[263] Khodari M, El-Din H S, Mersal G A M. Electroreduction and quantifcation of furazolidone and furaltadone in different media[J]. Microchim. Acta, 2000, 135: 9-17.

[264] Yang X P, Yang J, Zhang M X, et al. Tiopronin protected gold-silver bimetallic nanoclusters for sequential detection of Fe^{3+} and ascorbic acid in serum[J]. Microchemical Journal, 2022, 174: 107048.

[265] Zhang Y, Li M, Niu Q Q, et al. Gold nanoclusters as fluorescent sensors for selective and sensitive hydrogen sulfide detection[J]. Talanta, 2017, 171: 143-151.

[266] Thammajinno S, Buranachai C, Kanatharana P, et al. A copper nanoclusters probe for dual detection of microalbumin and creatinine[J]. Spectrochimica Acta Part A: Molecular and Biomolecular Spectroscopy, 2022, 270: 120816.

[267] Li L, Fu M L, Yang D Y, et al. Sensitive detection of glutathione through inhibiting quenching of copper nanoclusters fluorescence[J]. Spectrochimica Acta Part A: Molecular and Biomolecular Spectroscopy, 2022, 267: 120563.

[268] Zhang Y, Gao Z Y, Yang X, et al. Highly fluorescent carbon dots as an efficient nanoprobe for detection of clomifene citrate[J]. RSC Advances, 2019, 9: 6084-6093.

[269] Manshadi S S, Dadfarnia S, Shabani A M H, et al. S and N co-doped graphene quantum dots as an effective fluorescence probe for sensing of furazolidone after magnetic solid-phase microextraction using magnetic multiwalled carbon nanotubes[J]. Microchemical Journal, 2022, 179: 107439.

[270] Zou S Y, Hou C J, Fa H B, et al. An efficient fluorescent probe for fluazinam using N, S co-doped carbon dots from l-cysteine[J].Sensors and Actuators B: Chemical, 2017, 239: 1033-1041.